AF523142

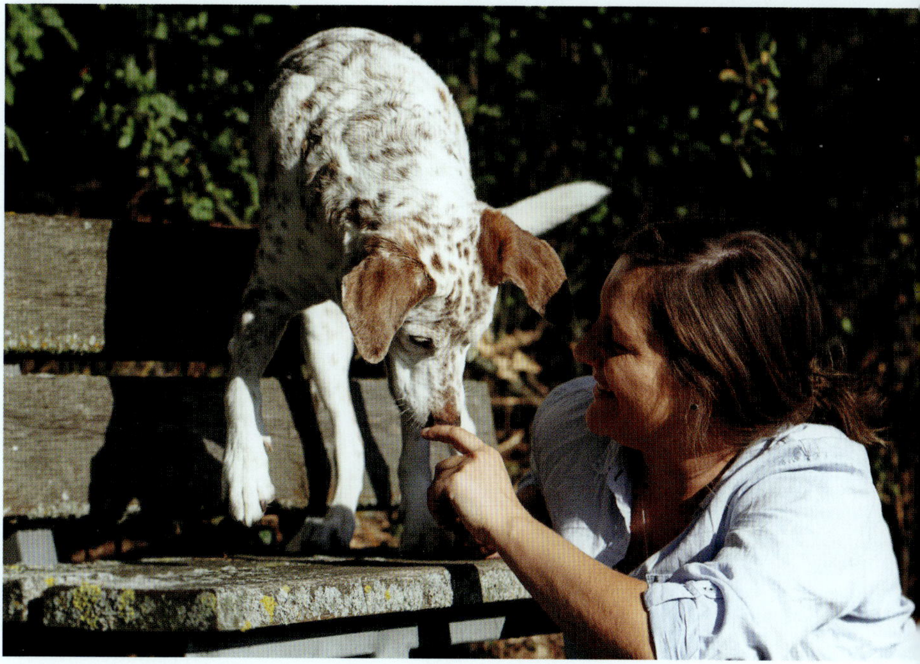

Maria Rehberger

Hunde achtsam führen

Über belohnungsbasiertes Training und bedürfnisorientierten Umgang

ISBN 978-3-936188-78-3
Lektorat: Susanne Artmann
Satz & Layout: Annette Gevatter, Riegel a.K.
Titelfoto: Anja Kiefer, Hundeimpressionen
Fotos im Inhalt: Furry Paws Photography Miriam Brodmerkel (Seite 160 unten), Carolin Hess (142, 143), Christine Rall (Seite 29), Maria Rehberger (Seiten 10, 20 – 23, 57, 72, 91, 136, 138, 144, 160 oben, 167, 182), Adobe Stock
Druck: FINIDR, s.r.o., Český Těšín, Tschechische Republik

animal learn Verlag, Am Anger 36, 83233 Bernau
email: animal.learn@t-online.de, www.animal-learn.de

Inhalt

Für Dahra

Du hattest ein
besseres Leben
verdient.

Vorwort

Das Jahr 2020 hat uns allen viel abverlangt und auch im Jahr 2021 ist die Welt weiter im Ausnahmezustand. Das Coronavirus tauchte auf, verbreitete sich rasend schnell über den gesamten Globus und stellt das Leben, wie wir es bisher kannten, auf den Kopf. Auf einmal werden Grenzen spürbar. Während der Lockdowns werden wir eingegrenzt, müssen, um uns und andere zu schützen, unsere Kontakte einschränken. Wir können nicht mehr einfach so losziehen, um in einem Restaurant zu essen, uns Kleidung zu kaufen oder, wenn uns der Sinn danach steht, ein Flugzeug besteigen und verreisen. Diese ungewohnten Einschränkungen stoßen bei vielen Menschen auf Unverständnis bis hin zu massivem Widerstand.

Für die meisten Hunde, die ich täglich zu Gesicht bekomme, ist Eingeschränktsein der ganz normale Alltag. Und zwar nicht nur für eine im Verhältnis zur Lebenszeit relativ kurze Zeitspanne – was sind schon zwei Jahre gesehen auf die durchschnittliche Lebensspanne eines deutschen Staatsbürgers von etwa 80 Jahren –, sondern für ein ganzes Leben. Für 12, 16 oder gar noch mehr Jahre.

In den letzten Jahren bin ich viel herumgekommen in der Welt, habe Grenzen überschritten und über meine eigenen hinausgeschaut. Ich war in Europa und Nordamerika, aber auch in Afrika, Südostasien und Mittelamerika unterwegs. Die weit entfernten, exotischen Länder interessieren mich in vielerlei Hinsicht; vor allem aber interessiert mich, wie die Menschen dort leben und das Tier, das sich uns am engsten von allen angeschlossen hat: Wie leben Hunde in diesen Ländern?

Was ich fast überall außerhalb Nordamerikas und Mitteleuropas gesehen habe, sind Hunde, die ein sehr freies Leben führen. Sie sind einfach da, liegen an den seltsamsten Orten, wo sie dösen und schlafen, sie stöbern im Müll, laufen zu bestimmten Zeiten feste Futterstellen an, betteln bei Touristen, verweilen in Tempeln und Klöstern oder sitzen in Strandrestaurants in gewissem Abstand neben einem Tisch und warten stoisch darauf, dass etwas für sie abfällt. Wie der inzwischen verstorbene Ethologe Prof. Raymond Coppinger gemeinsam mit Mark Feinstein in seinem Buch „Die Ethologie der Hunde" feststellte, gibt es vermutlich ungefähr eine Milliarde Hunde auf der Welt. Nicht einmal ein Viertel davon ist das, was die Weltgesundheitsorganisation als „vom Menschen abhängig und in ihrer Bewegungsfreiheit eingeschränkt" bezeichnen

würde. Die anderen mehr als 750 Millionen Hunde leben auf Straßen und Müllhalden und ernähren sich von menschlichen Exkrementen und gelegentlich auch einem Leichnam.[1]

Vielen dieser Hunde geht es gut. Ja, sie sind oft schmutzig, aber in der Regel doch wohlgenährt und nur wenige fallen durch offensichtliche Erkrankungen oder Verletzungen auf. Wirklich alte Hunde sieht man jedoch kaum – ein freies Leben ist nicht ungefährlich. Krankheiten, Verletzungen, Unfälle – all das sind Sachen, die diesen Hunden passieren, und da in vielen Ländern noch nicht einmal die Menschen auf gute medizinische Versorgung zählen können, können es die Hunde erst recht nicht. Aber würde man einen dieser Hunde fragen, ob er sein freies, risikoreiches und aller Wahrscheinlichkeit nach ziemlich kurzes Leben eintauschen möchte gegen ein Leben mit dreimal täglich Auslauf an der Leine, konfrontiert mit unzähligen Artgenossen, denen er häufig nicht aus dem Weg gehen kann oder darf, in dem er Dinge lernen muss, weil ein Mensch das so sagt, ausgeschimpft und bestraft wird, wenn er sich „falsch" verhält und alle seine ureigensten Bedürfnisse demjenigen unterordnen muss, bei dem er das Glück oder eben Pech hat zu leben, wie würde die Antwort wohl lauten? Ich glaube, die meisten dieser Hunde würden sich für die Freiheit entscheiden.

Hunde in Mitteleuropa und Nordamerika kennen ein solch freies Leben größtenteils

1 R. Coppinger, M. Feinstein: Die Ethologie der Hunde, 1. Auflage 2018

nicht – Charly und Bella haben einen Mikrochip und sollten sie sich ohne ihren Menschen auf die Socken machen, werden sie im Normalfall eingesammelt und ins nächste Tierheim gebracht, wo sie bleiben, bis Herrchen oder Frauchen sie wieder abholt – oder eben nicht. Bei Letzterem heißt das dann in Deutschland im Normalfall Knast mit einer Stunde Hofgang pro Tag, sofern die Ressourcen dafür ausreichen und Charly und Bella vor Stress, Angst und Verzweiflung verhaltenstechnisch nicht vollends aus dem Rahmen fallen, so dass sich schlicht und ergreifend keiner der Tierheimmitarbeiter mehr traut, mit ihnen vor die Tür zu gehen. In den USA bedeutet es oft das Todesurteil für den betroffenen Hund, wenn ihn niemand abholt. Ist eine gewisse Frist verstrichen, wird der Hund eingeschläfert. Ende.

Ein wirklich freies Leben ist bei uns natürlich nicht möglich. Unsere Kultur nimmt keine Rücksicht auf Tiere – und die Überlebenschancen eines Tieres bei der Überquerung einer achtspurigen Autobahn sind denkbar gering. Und natürlich hat ein behütetes Leben eng mit dem Menschen auch jede Menge Vorteile. Sich keine Sorgen um die nächste Mahlzeit machen zu müssen, herrlich bequem auf dem Sofa oder im Bett zu liegen und alle Viere von sich zu strecken, ohne sich darum sorgen zu müssen, dass einem irgendein dahergelaufener Artgenosse den Platz streitig macht, gestreichelt und geliebt zu werden und jemanden zu haben, der dafür sorgt, dass eine aufgeschnittene Pfote nicht mit dem Tod endet, weil der Besuch beim Tierarzt eine böse Infektion verhindert, das ist nicht der schlechteste Handel. Und wenn man als Hund richtig Glück hat und einen Menschen erwischt, der die Sache mit der Freundschaft wirklich ernst nimmt, dann, ja dann ist das vielleicht wirklich den Preis der großen Freiheit wert.

Freundschaft mit dem Hund heißt für mich, ihn in all seiner Andersartigkeit zu respektieren, seine Bedürfnisse zu kennen und zu achten, ihm zur Seite zu stehen, wenn er es braucht, ihn achtsam zu führen, wo es nötig ist, sich zu kümmern und sich um ihn zu sorgen, ihm Halt und Geborgenheit zu geben – aber auch den Freiraum, den er braucht, um seine Persönlichkeit entfalten zu können. Ja, ich schreibe hier wirklich und ganz im Ernst Entfaltung der Persönlichkeit, denn dass Hunde wie alle anderen Säugetiere auch (und auch bei Fischen, Reptilien, Vögeln ist das so) Individuen mit ganz eigenen Charakteren und Vorstellungen vom Leben sind, das ist inzwischen zweifelsfrei nachgewiesen[2].

Grenzen sind hierbei natürlich notwendig. Sie sind gesellschaftlich obligat, und um unsere eigenen Bedürfnisse zu erfüllen und unser Wohlbefinden sicherzustellen, müssen wir unsere eigenen Grenzen kennen und schützen. Das gilt sowohl in Bezug auf andere Menschen als auch auf unsere Hunde. Die Frage, die sich dabei stellt, ist einzig und allein das Wie. Und darauf gibt es im Grunde genommen eine ganz einfache Antwort: Liebe.

---

2 N. Sachser: Der Mensch im Tier, 1. Auflage 2018

Mein Ziel ist es nicht, Sie davon zu überzeugen, dass mein Weg der bessere oder richtige ist. Aber wenn Sie das Zusammenleben mit Ihrem Hund verändern, Ihre Bindung vertiefen und Ihre Beziehung inniger werden lassen möchten, dann kann Ihnen dieses Buch als Leitfaden, Motivation und Unterstützung dienen. Es soll Ihnen Hintergrundwissen liefern, Denkanstöße bieten und Sie auf Möglichkeiten aufmerksam machen, wo und wie Sie konkret etwas ändern können. Und wenn Sie sich darauf einlassen, dann dürfen Sie gespannt sein, wohin die Reise Sie – und Ihren Hund – führt. Ich bin sicher, wenn Sie sich einmal auf den Weg gemacht haben, werden Sie nicht mehr umkehren wollen.

Meine eigene Reise begann 2006 mit der Ausbildung zur Hundetrainerin und Verhaltensberaterin. Seither befinde ich mich auf dem Weg und durfte in all den Jahren, die inzwischen vergangen sind, unglaublich viel von anderen Menschen, Tieren und natürlich insbesondere den Hunden lernen. Ich weiß, dass diese Reise mein Leben lang andauern wird und empfinde das als das größte Geschenk, das ich je bekommen habe.

Insofern ist dieses Buch also irgendwie die Zusammenfassung meiner Reise der vergangenen 15 Jahre. Und ich bin sicher, wenn weitere 15 Jahre ins Land gegangen sind, wird diese Zusammenfassung längst neu geschrieben werden müssen, denn neue Erfahrungen und Erkenntnisse verändern meinen Blickwinkel und mein künftiges Tun in einem fort. Nur eines wird

sich nicht ändern: Meine Haltung den Hunden gegenüber. Sie suchen sich ihr Zuhause nicht aus. Sie sind uns, unseren Ansprüchen und Launen vollständig ausgeliefert, sie sind hochsoziale Wesen, mit ausgeprägten kognitiven Fähigkeiten, einem komplexen Gefühlsleben und sie haben genau wie wir ein Recht auf körperliche und psychische Unversehrtheit. Wir sind ihnen meiner Ansicht nach einen liebevollen, gewaltfreien Umgang schuldig. Was wir dafür bekommen, sind eine solche Beziehungstiefe, ein so umfassendes gegenseitiges Verständnis und Vertrauen, wie es viele Menschen nicht für möglich halten, bis sie es selbst erleben.

Liebe ist eine Entscheidung. Und ein Versprechen.

Grenzen setzen

Was es heißt, Grenzen zu setzen

Der Startpunkt der Reise, auf die Sie sich mit dem Lesen dieses Buches begeben, ist zunächst einmal die Auseinandersetzung damit, was es eigentlich bedeutet, Grenzen zu setzen. Denn um Grenzen geht es doch, wenn wir von Führung sprechen, oder? Ganz rational betrachtet wird das Setzen von Grenzen definiert als jemandem oder einer Sache Einhalt gebieten, jemanden oder etwas stoppen, etwas ver- oder behindern oder jemandes Handlungen einschränken oder unterbinden. Es liegt in der Natur der Sache, dass all diese Dinge für das Zusammenleben mit unserem Hund zutreffen. Wir leben in den Industriestaaten einer Welt, die für unsere Hunde in weiten Teilen schlicht und ergreifend nicht gemacht ist. Würden Hunde hier uneingeschränkt hundliches Normalverhal-

ten zeigen – es wären chaotische Zustände. Wir wären konfrontiert mit reihenweise überfahrenen Hunden, gehetzten und gerissenen Wild- und anderen Haustieren, umgeworfenen und geplünderten Mülltonnen, völlig unkontrollierter Vermehrung und sicherlich auch einem rasanten Anstieg der Hundebisse, um nur einige Punkte zu nennen.

Wenn ich in eine beliebige Suchmaschine „Grenzen setzen" eingebe (bei Ihnen können die Ergebnisse anders ausfallen, Algorithmus sei Dank …), erscheinen auf der ersten Seite Dinge wie „Wie du lernst, NEIN zu sagen", „Grenzen setzen, ohne andere zu verletzen" und „Entspannt und gelassen Grenzen setzen". Das hört sich doch alles gar nicht so verkehrt an. Es klingt nach gesundem Abgrenzen, nach einem Lernprozess, um sich selbst vor (seelischer) Ausbeutung zu schützen, ohne anderen dadurch wehzutun. In der Hundeszene dagegen schwingt in der Regel ein anderer Unterton mit, wenn es um das Thema Grenzen setzen geht. Da hört man immer wieder Sätze wie: „Du musst deinem Hund Grenzen setzen, sonst …", oder „Das darfst du ihm nicht durchgehen lassen, sonst …" Doch was ist damit eigentlich gemeint? Was bedeutet es, dem Hund Grenzen zu setzen, wann und wobei müssen wir ihm Grenzen setzen und wie macht man das eigentlich? Welchen Stellenwert nimmt das Setzen von Grenzen beim achtsamen Führen eines Hundes ein? Und wenn wir keine Grenzen setzen, was passiert dann?

Im Alltag beobachte ich oft, dass mit „Grenzen setzen" nichts anderes gemeint ist, als den Hund zu bestrafen, wenn er eine vom Menschen aufgestellte Grenze übertritt. Dadurch soll er lernen, Grenzen einzuhalten. Jemanden zu bestrafen, wenn er etwas getan hat, was er nicht darf oder soll, ist in nahezu allen Kulturen der Welt tief verwurzelt, quasi jedes Rechtssystem funktioniert nach diesem Prinzip. Und so ist es gar nicht weiter verwunderlich, dass sowohl in der Erziehung von Menschen als auch der von Hunden Bestrafungen bei Grenzüberschreitungen oder

Regelverstößen nach wie vor an der Tagesordnung sind.

Aber es tut sich etwas. Immer mehr Menschen wünschen sich einen anderen Umgang mit ihren Mitlebewesen, sie möchten achtsam, respektvoll und freundlich mit anderen umgehen, den anderen als gleichwürdig[3] behandeln und hinter das Verhalten schauen, das einem im ersten Moment als Grenzüberschreitung oder Regelverstoß erscheint. Beziehung rückt in den Vordergrund. Von Verfechtern des Prinzips „Strafe muss ein" wird diese Art des Umgangs jedoch stark kritisiert, gleichgesetzt mit antiautoritärem Erziehungsstil oder es wird behauptet, dass positive Verstärkung im Allgemeinen zwar schön und gut ist, dass man damit aber bei bestimmten Problemen oder bei bestimmten Hunden nicht weiterkommt. Was ist dran an dieser Kritik? Können wir achtsam, respektvoll und freundlich mit Hunden umgehen, sie als gleichwürdig betrach-

3 Gleichwürdig bedeutet, dass die Bedürfnisse, Empfindungen usw. des anderen genauso viel wert sind wie die eigenen. Gleichwürdig bedeutet nicht gleiche Fähigkeiten und Kompetenzen. Die Einschätzung von Gefahren und damit einhergehend die Pflicht und die Verantwortung, den Hund vor Verhaltensweisen zu schützen, die ihm oder anderen gefährlich werden können, übernehmen wir als Halter ein Hundeleben lang.

ten und trotzdem dafür sorgen, dass sie „brav“ und „gut erzogen“ sind?

Ja, das geht. Das geht sogar sehr gut und vor allem tut es gut. Allen Beteiligten. Ich behaupte sogar, dass bedürfnisorientierter Umgang und faires, belohnungsbasiertes Training die Welt zu einem besseren Ort machen, denn diese Haltung wirkt wie ein Echo – sie kommt zurück. Beziehungen werden harmonischer, Konflikte treten weniger häufig auf und aus einem Gegeneinander wird auf einmal ein Miteinander.

Das Einzige, was viele Menschen davon abhält, sich auf den Weg zu einer anderen Art des Umgangs miteinander zu machen, ist die Angst. Angst ist ein mächtiger Gegner und die Glaubenssätze, gerade was unsere Hunde betrifft, sitzen tief und oft sehr unbewusst in den Gehirnen fest. Die alte Mär von der Dominanz, dem Hund, der nach der Führung „des Rudels“ strebt, und dass wir die Kontrolle über ihn verlieren werden, wenn wir ihm nicht ganz klarmachen, wer das Sagen hat, hängt meist unsichtbar über vielen Köpfen. Und das, obwohl die Dominanztheorie als solche schon seit Jahrzehnten widerlegt ist und auch längst klar ist, dass wir sie – wie auch Strafen und aversive Maßnahmen im Allgemeinen – nicht dazu brauchen, um zu verhindern, dass aus Hunden Tyrannen werden und auch nicht, um Hunde, die angeblich keine Grenzen akzeptieren oder die sich aus menschlicher Sicht falsch verhalten, gefügig zu machen.

Beziehung, Bindung, Training

In diesem Buch werden Sie keine neue ultimative Trainingsmethode kennenlernen. Sie werden keine Patentrezepte zum Lösen von Verhaltensproblemen bekommen und Sie werden auch nicht lernen, wie Sie es schaffen, dass Ihr Hund „funktioniert". Ich möchte Ihren Blick auf etwas ganz anderes lenken: Die Bindung und die Beziehung zu Ihrem Hund. Beides ist eine Frage der Haltung. Wie *wollen* Sie mit Ihrem Hund umgehen? Gesamtgesellschaftlich sieht es in dieser Hinsicht leider noch nicht besonders rosig aus. Gewalt wird immer noch weithin akzeptiert, und wenn ich mir ansehe, was teilweise als „gewaltfreie Erziehungsmethode" verkauft wird, dann sträuben sich mir die Nackenhaare. Was wir brauchen, ist eine Null-Toleranz-Haltung in Bezug auf Gewalt gegen Hunde. Dazu braucht es

Hinschauen, auf Missstände aufmerksam machen und vor allem: Vorleben, dass es anders geht. Es geht nicht darum, andere zu kritisieren und auf ihre Fehler hinzuweisen. Es geht darum, mit gutem Vorbild voranzuschreiten, egal was der Rest der Gesellschaft, ja sogar der Rest der Welt davon hält.

Gehorsam können Sie dabei zunächst einmal völlig außen vor lassen. Tiere sind zum Lernen geboren, sie lernen die ganze Zeit und ihr Leben lang. Eine gute Beziehung, Bindung und achtsame Führung, die Ihrem Hund Halt und Sicherheit in einer Welt gibt, für die er nicht gemacht ist und in der Sie sein Ankerpunkt sind, bilden die Grundlage für das harmonische Zusammenleben mit ihm. Wenn Sie außerdem dazu bereit sind, sich Wissen und Fähigkeiten im Bereich des belohnungsbasierten Trainings und des bedürfnisorientierten Umgangs anzueignen, dann werden Sie in der Lage sein, Ihrem Hund alles beizubringen, was Sie beide brauchen, um miteinander glücklich zu sein. Das verspreche ich Ihnen.

Zu meinem Partner und mir gehören drei sehr unterschiedliche Hunde: Die älteste ist Emma, eine 2004 geborene Dalmatiner-Mischlingshündin.[4] Sie wuchs mit ihren zwölf Geschwistern, sehr behütet von einer liebevollen Mutter in einer Familie auf und zog im Alter von acht Wochen bei mir ein. Emma ist schon immer ein sehr genügsamer Hund gewesen. Sie äußert selten Wünsche; solange sie genug zu essen bekommt, ist ihre Welt in Ordnung. In jungen Jahren hatte sie Schwierigkeiten mit fremden Menschen, die hat sie verbellt und gestellt. Außerdem hat sie einige schlechte Erfahrungen mit anderen Hunden gemacht, weil mir damals nicht klar war, dass es meine Aufgabe gewesen wäre, sie vor solchen Erfahrungen zu schützen. Mit verhältnismäßig wenig Training konnte ich aber sowohl die Schwierigkeiten mit Menschen aus dem Weg räumen als auch Emmas Meinung hinsichtlich anderer Hunde zum Besseren verändern.

4 Von Emma mussten wir während der Verlagsarbeit an diesem Buch Abschied nehmen. Sie wurde am 17. Mai 2021 kurz vor ihrem 17. Geburtstag friedlich und geborgen zuhause in meinem Arm eingeschläfert. Sie fehlt mir unglaublich.

Bei Maya, einer 2008 in Serbien geborenen Terrier-Mischlingshündin, sieht das ganz anders aus. Maya wurde, nach allem, was ich weiß, viel zu früh von der Mutter, einer Straßenhündin, getrennt, wurde auf einer Pflegestelle versorgt und dann in sehr jungem Alter nach Deutschland gebracht. Ich vermute, dass sie nicht älter als sieben Wochen war, weil es nach ihrem Einzug bei mir noch sehr lange gedauert hat, bis sie in den Zahnwechsel gekommen ist. Sie war von Beginn an ein sehr stressanfälliger Hund, den Neues schnell überfordert hat. Maya hat mit großer Wahrscheinlichkeit sowohl durch die frühe Trennung von der Mutter als auch durch den langen Transport in einem dunklen Lieferwagen Traumata erlitten. Durch den Angriff eines großen schwarzen Hundes 2017, durch den sie schwer verletzt wurde, weil der Hund sie am Nacken gepackt und heftig geschüttelt hat, wurde sie auf jeden Fall traumatisiert. Bei Hunden, die ein oder mehrere Traumata erlitten haben, kann durch achtsames Führen, liebevollen und schützenden Umgang, passende Lebensbedingungen und belohnungsbasiertes Training die Lebensqualität stark verbessert werden. Ausgelöscht werden kann das Trauma jedoch nicht, und damit verbundene Verhaltensweisen – bei Maya beispielsweise eine extrem starke Reaktion auf große Hunde, je dunkler, desto stärker die Reaktion – sind nur begrenzt veränderbar. Nicht jedes Verhalten, das ein Hund zeigt, kann einfach abtrainiert werden.

Die Jüngste in unserer Familie ist unsere Parson Russell Terrier-Hündin Hermine, geboren im Januar 2020. Terrier gelten als „stur" und „unerziehbar". Das sind sie nicht. Nicht, wenn man sich im Umgang an ihren Bedürfnissen orientiert, ihnen so viel Selbstbestimmtheit wie möglich gibt, fair und freundlich zu ihnen ist und weiß, wie belohnungsbasiertes Training funktioniert. Hermine und all die anderen Terrier, mit denen ich im Laufe meines Berufslebens arbeiten durfte, sind der beste Beweis dafür. Hermine bleibt im Wald auf dem Weg, lässt Spaziergänger, Fahrradfahrer, Skateboarder und sonstige Menschen in Frieden, sie bleibt in Gegenwart anderer Tiere gelassen, fragt mich, ob sie zu fremden Hunden hin darf, benimmt sich diesen gegenüber freundlich und höflich und ist jederzeit zuverlässig abrufbar. Sie bleibt entspannt alleine zu Hause, fährt problemlos im Auto mit und ich kann sie sorglos meinen Eltern zur Betreuung anvertrauen. Sämtliche Körperpflege-

maßnahmen lässt sie sich geduldig gefallen, egal ob Zähne kontrollieren und putzen, Krallen schneiden, den Bart stutzen, das Fell trimmen oder in Form schneiden. Fremde Menschen, die sie erleben, sagen mir: „Die ist aber gut erzogen." Zwar mag ich den Erziehungsbegriff nicht, dazu später mehr, aber ja, sie ist „brav". Und nein, das gab es nicht geschenkt. Ich habe viel dafür getan, aber es war für mich keine Anstrengung. Denn ich musste nichts weiter tun, als verlässlich und berechenbar für sie zu sein und die Dinge, die mir für ein harmonisches Zusammenleben wichtig sind, mit ihr zu trainieren. Musste ich ihr dafür Grenzen setzen in dem Sinne, dass ich sie in ihre Schranken weisen, ihr zeigen musste, dass ich das Sagen habe? Nein, kein einziges Mal bisher und auch in Zukunft werde ich das nicht tun. Und je mehr Sie sich mit bedürfnisorientiertem Umgang und belohnungsbasiertem Training beschäftigen, umso klarer wird Ihnen werden, warum das so ist.

Bindung zwischen Mensch und Hund

Wenn eine gute Beziehung und vor allem Bindung die Grundlage für ein harmonisches Zusammenleben mit dem Hund ist, dann müssen wir uns erst einmal mit den Begriffen und dem, was dahintersteckt, auseinandersetzen.

Beziehungen haben wir alle zu vielen verschiedenen Menschen und die Qualität dieser Beziehungen unterscheidet sich stark. Natürlich haben Sie zu Ihrer Chefin und Ihren Arbeitskollegen eine Beziehung. Die dürfte sich aber vermutlich stark von den Beziehungen zu Ihrem Partner, Ihren Eltern, Ihren möglicherweise vorhandenen Geschwistern oder Kindern unterscheiden. Und die wiederum unterscheiden sich von den Beziehungen, die Sie zu Nachbarn, Freunden oder anderen Be-

kannten haben. Der wichtige Punkt ist: Für eine Beziehung bedarf es keiner Bindung. Beziehungen funktionieren ganz hervorragend auch ohne Bindung. Was hat es also mit der Bindung auf sich?

In der Humanpsychologie beschreibt Bindung die besondere Beziehung eines Kindes zu seinen Eltern oder anderen Bezugspersonen, die sich um das Kind kümmern und auch eine intensive Beziehung erwachsener Menschen miteinander. Der springende Punkt ist, dass die Bindung auf Emotionen beruht und das Individuum mit den Bindungspersonen über Raum und Zeit verbindet. Das bedeutet, der Weggang der Bindungspersonen kann Angst, Stress, Wut oder Trauer auslösen, ihre Rückkehr dagegen Erleichterung, Wohlbefinden und Freude. Ist das auf den

Hund übertragbar? Die Forschung sagt Ja[5] und wohl jeder, der schon einmal erlebt hat, wie schlimm Hunde unter Verlustängsten und Trennungsstress leiden können oder wie sehr sie sich freuen können, wenn sie mit ihren liebsten Menschen wieder vereint werden, wird dem von Herzen zustimmen.

Hunde sind nicht nur bindungsfähig und ziehen – sofern sie von Welpenbeinen an Kontakt zu Menschen hatten – in vielen Fällen die Gesellschaft von Menschen der von Hunden vor, sondern Bindung ist ein tief in ihnen verankertes Grundbedürfnis. Die Erfüllung und auch die Nichterfüllung dieses Grundbedürfnisses wirken sich direkt auf das körperliche und

5 vgl. J. Panksepp: Affective Neurosience, 1. Auflage 2004; H. Weidt, D. Berlowitz: Sichere Bindung – sicheres Wesen, Schweizer Hunde Magazin 9/1997; A. Miklosi: Der Hund, 1. Auflage 2011

psychische Wohlbefinden von Hunden aus. Unsichere Bindungen, geprägt von ständiger Erwartungsunsicherheit erzeugen Stress, der auf Dauer krank macht.

Eine gute Bindung bedeutet das Herstellen von Verbindung und das Festigen dieser. Das geschieht unter anderem durch das Zeigen von Bindungsverhalten. Hunde, die eine gute Bindung zu ihren Menschen haben, nehmen freiwillig Kontakt zu ihnen auf, bitten um Körperkontakt und bieten ihn auch an, suchen in Konfliktsituationen Hilfe bei ihren Menschen und orientieren sich an ihnen. Menschen können die Bindung zum Hund außerdem durch das Füttern festigen, denn den Hund zu füttern gehört zum Bindungsverhalten. Nicht mit Futter trainieren zu wollen bedeutet also gleichzeitig, eine Form von Bindungsverhalten auszuschließen. Eine gute Bindung ist geprägt von vielen gemeinsamen positiven Erlebnissen, dem Anteilnehmen an den Emotionen des anderen und dem Geben von Rückhalt und Sicherheit. Deshalb ist ein Kennzeichen guter Bindung auch, dass Hunde sich trauen, Erkundungsverhalten zu zeigen, sich draußen also auch von uns zu entfernen, statt dauernd an uns zu kleben.

Wird ein Hund nicht gern gestreichelt oder ist er draußen nicht in der Lage, seinen Menschen die Aufmerksamkeit zu schenken, die diese sich wünschen, bedeutet das natürlich nicht, dass er eine schlechte Bindung hat. Und auch unerwünschtes Verhalten, wie etwa jagen oder andere Hunde anpöbeln, ist selbstverständlich kein Beweis für eine mangelnde Bindung. Suggeriert wird uns oft jedoch genau das. Jeglicher Ungehorsam wird einer schlechten oder mangelnden Bindung zugeschrieben und das ist – mit Verlaub – Unsinn. Vielmehr sagen diese Dinge etwas darüber aus, welche Bedürfnisse dieser spezielle Hund hat, weil er ein Individuum ist. Sie würden ja vermutlich auch nicht davon ausgehen, dass Ihr Partner eine schlechte Bindung zu Ihnen hat, nur weil er hin und wieder einen Abend mit seinen Freunden verbringt. Denn egal wie gut und sicher eine Bindung auch sein mag: Sie kann niemals alle Bedürfnisse eines Lebewesens erfüllen; schon gar nicht dann, wenn es sich um die Bindung zwischen zwei einerseits zwar so ähnlichen, andererseits aber eben auch so unterschiedlichen Geschöpfen handelt wie Mensch und Hund.

Auf die Bedürfnisse von Hunden werde ich später noch sehr genau eingehen. Die Fragen, die wir uns im Zusammenhang mit Bindung und Beziehung stellen sollten, lauten:

- Wenn ich ein Hund wäre, würde ich dann gerne bei einem Menschen wie mir leben?
- Würde ich gern Zeit mit diesem Menschen verbringen?
- Würde ich mich wohl und sicher in seiner Nähe fühlen?
- Würde ich mich in Situationen, in denen ich überfordert oder ängstlich bin, vertrauensvoll an ihn wenden?
- Könnte ich mir sicher sein, dass dieser Mensch mir nicht wehtut?

Ich persönlich möchte all diese Fragen mit einem klaren „Ja!“ beantworten. Deshalb habe ich mich für das achtsame Führen durch bedürfnisorientierten Umgang und belohnungsbasiertes Training entschieden. Beide tragen maßgeblich dazu bei, dem

Hund ein großes Maß an Selbstbestimmtheit zurückzugeben, sorgen dabei aber trotzdem dafür, dass er die wirklich notwendigen Grenzen, die der Grundsatz, niemanden zu belästigen oder gar zu gefährden, auch nicht sich selbst, nun einmal mit sich bringt, einhalten kann. Belohnungsbasiertes Training ist in meinen Augen der schonendste und stressärmste Weg, das Verhalten eines Tieres zu verändern. Aber: Auch wenn der Hund die Möglichkeit hat, sich Belohnungen zu verdienen und wir darauf achten, dass er sich beim Training wohlfühlt, müssen wir uns stets bewusst sein, was wir da tun! Wir greifen mit jedem Training direkt ins Gehirn unserer Hunde ein, wir verändern ihr Verhalten. Deshalb sollte uns der Satz von Stan Lee, den er Spidermans Onkel in eben jenem Film sagen lässt, stets präsent sein: „With great power comes great responsibility."

Insbesondere bei Hundesportarten sollte sich jeder Halter fragen, ob sein Hund wirklich Spaß daran hat.

Mit großer Macht geht große Verantwortung einher. Wir sollten also immer gut überlegen, was wir mit unseren Hunden wirklich trainieren wollen. Wir dürfen uns die Fragen stellen: Tue ich das, weil *ich* mir das Leben leichter machen will, weil *mich* etwas stört, mache ich mit meinem Hund diese oder jene Sportart oder Beschäftigungsform, weil *ich* Spaß daran habe oder einen gewissen Ehrgeiz entwickle? Oder geht es mir bei all dem tatsächlich um das Wohl meines Hundes? Wenn mein Hund reden könnte: Was würde er dazu sagen? Diese Fragen muss jeder Mensch für sich selbst beantworten.

Bindung und Beziehung sind nie fertig. Sie sind ein stetiger Prozess und können inniger, fester und sicherer werden oder oberflächlich, lose und unsicher sein und bleiben. Wir haben es in der Hand. Es sind unsere Aktionen und Reaktionen auf das Verhalten unseres Hundes, die Bindung und Beziehung in die eine oder andere Richtung weiter entwickeln. Gewalt, körperliche Maßregelungen, körpersprachliches Bedrohen, das Aufstellen menschgemachter Rangordnungsregeln und aversi-

Wildlebende Delphine kooperieren nur, wenn sie belohnungsbasiert trainiert werden.

ve Maßnahmen verhindern die Schaffung der Grundlage. Dadurch entstehen keine gute Beziehung, kein Vertrauen und die Bindung des Hundes beruht auf Abhängigkeit und Angst. Das Wissen um belohnungsbasiertes Training ist nicht neu. Bob Bailey hat, unter anderem basierend auf den Forschungsarbeiten B. F. Skinners[6], schon in den 1960er Jahren mittels belohnungsbasiertem Training Tiere der unterschiedlichsten Spezies trainiert – und zwar sehr erfolgreich. Ihm und seinen Kollegen ging es vor allem um Effizienz: Sie trainierten Tiere für das Militär und für Shows. Und da ist Zeit Geld. Sprich, je schneller und zuverlässiger die Tiere das gewünschte Verhalten zeigten, desto höher war der Gewinn, der am Ende dabei raussprang. Das belohnungsbasierte Training war dafür das Mittel der Wahl. Es ist nicht nur schnell, nachhaltig und sicher, sondern bei der Arbeit mit beispielsweise Freiwasser-Delphinen die einzig mögliche Art der Zusammenarbeit. Denn was, glauben Sie, tut

6 B. F. Skinner war ein US-amerikanischer Psychologe und der bekannteste Vertreter des Behaviorismus in den USA; er prägte die Bezeichnung „operante Konditionierung“.

so ein freier Delphin, wenn ihm das, was der Mensch da von ihm will oder mit ihm tun will, nicht gefällt? Er schwimmt davon. Unsere Hunde können das nicht. Sie können nicht einfach gehen und sich uns entziehen, wenn ihnen unser Umgang und unsere Trainingsmethoden nicht gefallen oder ihnen sogar Angst oder Schmerzen bereiten. Manche entziehen sich aber immer wieder ein kleines bisschen. Sie lassen keine Gelegenheit ungenutzt abzuhauen, ob sie daheim über den Zaun gehen oder beim Spaziergang eine augenscheinlich beträchtliche jagdliche Motivation an den Tag legen. Und können sie sich körperlich nicht entziehen, dann entziehen sie sich eben mental. Sie wirken schlecht motivierbar, reagieren nicht auf Signale und das Zusammenleben mit ihnen ist ein Nebeneinander, kein Miteinander. Andere wehren sich und werden deshalb oft zum Wanderpokal. Manche haben Glück und geraten doch noch an einen Menschen, der ihnen ein hundegerechtes Leben und ein liebevolles Zuhause bietet, in dem die seelischen Wunden heilen können. Viele bleiben auf der Strecke, gelten als unvermittelbar und fristen ihr Dasein bis zum bitteren Ende im Tierheim oder werden aufgrund eines oder mehrerer Beißvorfälle eingeschläfert.

Die, die nicht auf der Strecke bleiben, haben normalerweise einen Menschen an ihrer Seite, der nicht aufgeben will. Manche dieser Menschen kommen irgendwann zu mir und ich darf dazu beitragen und miterleben, wie doch die allermeisten Hunde bereit sind, es nochmal mit dem Menschen zu probieren, selbst wenn dieser – oft gegen jedes Bauchgefühl und unter Tränen – seinem Hund lange Zeit großes Unrecht angetan hat. Es ist jedes Mal wieder ergreifend für mich zu sehen, wie Vertrauen entsteht und immer weiter wächst und am Ende endlich das zustande kommt, was sich der Mensch eigentlich

Vertrauen ist die Basis einer guten Mensch-Hund-Beziehung.

von Anfang an gewünscht hat, nämlich entspannt mit dem besten Freund des Menschen zusammenzuleben und gemeinsam durch dick und dünn zu gehen. Und es ist auch einer der Gründe für mich, Bücher wie dieses zu schreiben, um jedem, der es anders machen möchte, die Hand zu reichen.

Grenzen und Selbstbestimmtheit

Grenzen gehören zum Leben dazu, gar keine Frage. Meine Freiheit und die meiner Hunde endet dort, wo die eines anderen beginnt. Niemand soll durch mich und/ oder meine Hunde belästigt oder gar gefährdet werden und meine Hunde sollen sich auch selbst nicht in Gefahr bringen. Dazu ist es notwendig, sie in vielen Situationen entweder physisch (z. B. durch das Führen an Brustgeschirr und Leine) oder durch antrainierte Verhaltensweisen einzugrenzen. Doch das ist nur die Spitze des Eisbergs. Denn Hunde sind zu 100 % abhängig von uns.

Wir entscheiden,

- wo und wie sie leben
- was sie wann fressen und in welchen Mengen
- wann sie sich lösen können
- wen sie treffen
- wohin sie gehen
- wie viel sie sich am Tag bewegen
- ob es notwendig ist, mit ihnen zum Tierarzt zu gehen und ob eine Behandlung erfolgt oder nicht
- ob sie mit Artgenossen, anderen Tieren oder Kindern zusammenleben
- wie lange sie täglich alleine bleiben
- was sie lernen dürfen oder müssen
- womit sie sich beschäftigen dürfen
- wie viel Interaktion sie mit uns erleben

und bestimmt noch einiges mehr.

All diese Dinge grenzen den Hund ein, nehmen ihm seine Selbstbestimmtheit quasi komplett. Bei Menschen weisen inzwischen viele Untersuchungen darauf hin, dass fehlende Selbstbestimmtheit, das andauernde Gefühl der Fremdbestimmung eine der Hauptursachen für Burn-out ist. Nun sind Hunde keine Menschen, das ist klar. Aber sie sind uns in vielen Dingen unfassbar ähnlich. Die Struktur unseres Gehirns, die darin ablaufenden Prozesse und die Art und Weise, wie unser Körper und unser Verhalten gesteuert werden, gleichen sich sehr. Hunde verfügen über die gleichen Neurotransmitter wie wir und man kann davon ausgehen, dass sie die grundlegenden Emotionen mit uns teilen und somit auch ähnlich empfin-

Hunde sind extrem abhängig von uns Menschen. So entscheiden wir z. B. darüber, was, wann und wieviel sie zu fressen bekommen.

den. Stress setzt bei Hunden zum Beispiel die gleichen Vorgänge im Körper und im Verhalten in Gang wie beim Menschen. Schauen wir uns das genauer an.

Stress und seine Auswirkungen

Wenn durch die Lebensbedingungen ständig Stress beim Hund verursacht wird – und dazu gehört in besonderem Maß das Verhalten der Bezugsperson dem Hund gegenüber –, dann wirkt sich das auf das Wohlbefinden, die Lebensqualität und selbstverständlich auch auf die Gesundheit des Hundes aus. Dauerhafter Stress verändert sogar direkt die Gehirnstruktur, deshalb tun wir gut daran, unnötigen Stress zu vermeiden, indem wir selbst unserem Hund kein zusätzlicher Stressor sind und ihn durch Management und Training dabei unterstützen, mit Stressoren besser umgehen zu können.

Hunde, die in guten sozialen Beziehungen leben, haben einen deutlich niedrigeren Stresslevel.

Die Forschung zeigt, dass das Eingebundensein in ein soziales Netz und gute Beziehungen zu sozialen Bindungspartnern sich als besonders wirkungsvoll gegen Stressoren erweisen. Und gute Beziehungen zeichnen sich durch eine gute Bindung aus, wie ich weiter vorne bereits beschrieben habe.

Studien zeigen außerdem, dass Lebewesen, die zusammenleben und sich mögen, einen deutlich niedrigeren Stresslevel haben als solche, die sich nicht mögen und das wiederum hat direkte Auswirkungen auf Gesundheit und Wohlbefinden: Sie haben ein besseres Immunsystem und dauerhaft niedrigere Herzschlagraten. Es ist ein deutliches Zeichen für Wohlbefinden, wenn soziopositive Verhaltensweisen unter den Sozialpartnern gezeigt werden wie ein freundlicher Umgang miteinander, das Suchen von körperlicher Nähe und Blickkontakt und beim Hund beispielsweise auch das Lecken der Hände des Menschen[7].

---

7 N. Sachser: Der Mensch im Tier, 1. Auflage 2018

Training: ja oder nein?

Jeder Entscheidung, in das Verhalten meiner Hunde einzugreifen, lege ich folgende Fragen zugrunde:

- Gefährdet oder belästigt mein Hund durch sein Verhalten sich, andere Tiere oder Menschen?
- Hat mein Hund in bestimmten Situationen Stress, Angst oder fühlt er sich gar genötigt, sich selbst mittels Aggressionsverhalten zu schützen?

Lautet die Antwort auf eine oder beide der Fragen „Ja.“, dann ändere ich daran etwas. Ich schaue zunächst, ob ich an den Bedingungen, unter denen mein Hund lebt, vielleicht etwas verbessern kann. Dazu gehören Dinge wie Ernährung, der Gesundheitszustand allgemein und eine genaue Überprüfung, ob die Bedürfnisse meines Hundes wirklich in ausreichendem Maß erfüllt sind. Oft ändert sich das Verhalten schon in die von uns gewünschte Richtung, wenn wir an einigen wenigen Stellschrauben im Alltag des Hundes drehen, die auf den ersten Blick gar nichts mit seinem Verhalten zu tun haben. Erst dann, wenn ich sicher bin, dass ich an den Lebensbedingungen meines Hundes nichts mehr zum Besseren verändern kann, gehe ich daran, sein Verhalten direkt zu verändern. Und dazu nutze ich belohnungsbasiertes Training.

Ein Beispiel dafür, dass nicht alles trainiert werden muss bzw. dass wir abwägen sollten, ob wir etwas gezielt trainieren und dafür Trainingssituationen bewusst aufsuchen oder herstellen, ist einer meiner eigenen Hunde, meine Terrier-Mischlingshündin Maya, geboren 2008. Maya ist ein Hund aus dem Tierschutz, der mehrere Traumata erlitten hat. Das erste Trauma war – wenn man der Geschichte glauben kann – die

Welpen sollten mindestens neun Wochen bei ihrer Mutter bleiben dürfen.

viel zu frühe Trennung von der Mutter und den Geschwistern. Mayas Mutter war der Erzählung nach verletzt und musste stationär in der Tierklinik behandelt werden, weshalb Maya und ihre beiden Geschwister im Alter von drei Wochen auf unterschiedliche Pflegestellen verteilt wurden. Das zweite Trauma war dann der lange Transport in einem dunklen Lieferwagen mit unzähligen anderen Hunden von Serbien nach Deutschland in ein Tierheim, wo ich Maya direkt nach der Ankunft des Transports im Alter von ungefähr sieben oder acht Wochen übernommen habe. Viel zu jung selbstverständlich, aber der Beginn des Zahnwechsels erst einige Wochen nach Mayas Einzug bei uns lässt keinen anderen Rückschluss zu, als dass hinsichtlich ihres Geburtsdatums gelogen worden war, um sie nach Deutschland bringen zu können. Wegen eines starken Flohbefalls war eines der ersten Dinge, die sie mit mir erlebt hat, das Besprühtwerden mit Anti-Flohmittel. Diese alles andere als guten Startbedingungen und natürlich auch Mayas genetische Disposition machten aus ihr einen besonders stressanfälligen Hund. In vielen Situationen reagierte sie für den außenstehenden Betrachter unangemessen emotional, ja bisweilen hysterisch und das Lernen fiel ihr in solchen Situationen äußerst schwer oder es war einfach komplett unmöglich. Fremde Hunde haben Maya augenscheinlich nicht wirklich interessiert; rückblickend kann ich sagen, dass sie Hunden gegenüber Meideverhalten gezeigt hat. Das hat sich verändert, nachdem sie das dritte Trauma erlitten hatte, als sie 2017 von einem anderen Hund attackiert und fast totgeschüttelt worden war. Bei traumatisierten Hunden geht man aktuell davon aus, dass sie ähnlich wie traumatisierte Menschen an posttraumatischen Belastungsstörungen leiden können, dass bestimmte Reize als Trigger funktionieren und sie Flashbacks erleben, die sie emotional in die traumatische Situation zurückversetzen. Bei Maya sind große Hunde solche Trigger und die Verhaltensreaktion fällt umso heftiger aus, je dunkler der Hund ist, da der Angreifer ein schwarzer Hund war.

Nun sind wir nicht allzu lange nach dem Vorfall umgezogen. Raus aus der Stadt in ein Haus mitten im Wald. Abseits der Zivilisation treffen wir hier nur sehr selten Hunde. Wenn es ein „Triggerhund" ist, dann rastet Maya vollkommen aus und das Einzige, was ich tun kann, um ihr zu helfen, ist sie zu halten. Mache ich das rechtzeitig, also bevor der Schalter in ihrem Kopf kippt, dann kann sie die Situation in vielen Fällen aushalten. Jetzt stellt sich die Frage: Wäre es nicht sinnvoll, solche Begegnungen mit Maya gezielt zu trainieren? Weil ich mir genau diese Frage gestellt habe, bin ich mit Maya in ein Gebiet gefahren, in dem viele Hunde unterwegs sind und ich optimale

Trainingsbedingungen habe, weil ich jederzeit für ausreichenden Abstand sorgen kann. So könnte ich Maya mit genug Trainingseinheiten zeigen, dass auch große Hunde im Normalfall freundlich sind. Aber für Maya waren die Bedingungen nicht ideal. Alleine der Geruch der vielen Hunde und das Wahrnehmen einzelner Hund in großer Distanz haben dazu geführt, dass sie nur noch zurück zum Auto wollte. Sie hat nicht links und nicht rechts geschaut, nicht geschnuppert oder erkundet, sie wollte einfach nur weg, zurück in die Sicherheit unseres Autos. Als wir zu Hause waren, wollte Maya nichts essen, sie hatte offensichtlich Bauchweh. Eine typische Reaktion bei ihr, wenn der Stress zu groß war. An diesem Tag habe ich eine Entscheidung getroffen: Ich lasse es sein mit dem gezielten Training und dem Aufsuchen und Herstellen von Trainingssituationen. Das Training selbst wäre für Maya so viel stressiger als die in unserem neuen Lebensumfeld gut vermeidbaren und deshalb nur vereinzelt stattfindenden Hundebegegnungen. Vereinzelt bedeutet, dass wir vielleicht eine oder zwei Hundebegegnungen im Monat haben, wenn wir uns in den Wäldern rund um unser Zuhause bewegen. In diesen Situationen unterstütze ich sie wie oben beschrieben. Aber es geht mir dabei nicht darum, ihr Verhalten zu verändern. Es geht darum, die Situation für sie erträglicher zu gestalten.

Diese Entscheidung habe ich für meinen Hund und unter Abwägung aller Faktoren getroffen, die eine Rolle spielen. Bei einem anderen Hund, mit einem anderen Hintergrund, einem anderen Wesen, der unter anderen Bedingungen lebt, würde ich vielleicht eine andere Entscheidung treffen. Was wir trainieren, sollte immer eine Entscheidung sein, die das seelische Wohl des betroffenen Hundes an erste Stelle setzt.

Hunde in unserer Gesellschaft

In Deutschland, Österreich und der Schweiz nehmen Hunde einen großen Stellenwert ein. Allein in Deutschland lebten 2019 10,1 Millionen Hunde in 20 % der Haushalte[8]. Auch bei uns halten Menschen Hunde, weil diese eine bestimmte Aufgabe übernehmen, zum Beispiel als Jagdbegleiter, als Blindenführ- oder Assistenzhund, als Therapiebegleithund, zum Treiben und Bewachen von Nutztierherden, oder um Ratten- und Mäusebestände kleinzuhalten. Aber der Großteil der Hunde lebt als Haustier ohne Job, wird mehr oder weniger stark als Familienmitglied gesehen und dient einfach nur der Erfüllung sozialer menschlicher Bedürfnisse.

8 Quelle: https://www.ivh-online.de/der-verband/daten-fakten/anzahl-der-heimtiere-in-deutschland.html, aufgerufen am 24.11.2020

Die Bedürfnisse, die der Hund beim Menschen erfüllen soll, entscheiden maßgeblich darüber, wie sein Leben aussieht.

Warum Menschen Hunde haben

Die Gründe, warum Menschen sich einen Hund als Haustier halten, sind so verschieden wie die Menschen selbst. Klar, vermutlich jeder, der einen Hund hat, wird wohl von sich behaupten, Hunde zu mögen, sonst hätte man ja keinen. Aber die Bedürfnisse, die der Mensch sich durch das Zusammenleben mit einem Hund erfüllt, sind unterschiedlich und haben unterschiedliches Gewicht. So können Hunde als Haustier die Rolle des Beschützers, des Sportpartners, manchmal aber auch Sportgeräts, des Gesellschafters, des Freundes oder des Kindersatzes übernehmen. Sie werden benutzt, um das eigene Ego aufzupolieren und in nicht wenigen Fällen dienen sie hauptsächlich dem Bedürfnis, Macht ausüben zu können. Die Bedürfnisse, die der Hund beim Menschen erfüllt, entscheiden maßgeblich darüber, wie sein Leben aussieht. Oft nicht zu seinem Wohlergehen, denn die Bedürfnisse des Hundes spielen dabei häufig gar keine oder eine wirklich sehr untergeordnete Rolle. Vielen Leuten ist noch nicht einmal klar, welche Bedürfnisse ein Hund eigentlich hat, und so teilen viele Hunde das Schicksal, nichts oder kaum etwas von dem tun zu dürfen, was Hunde gerne tun, einfach weil sie eben Hunde sind. „Ein Hund benimmt sich wie ein Hund, weil er Hundegene in sich trägt – weil er gebaut ist wie ein Hund und nicht wie etwas anderes.“[9]

So einfach dieser Satz klingt: Viele Hundehalter sehen hundliches Verhalten als etwas an, das verändert werden muss, weil es nicht in ihr Weltbild passt. Und da haben wir es mit Vermenschlichung zu tun. Hunde sind keine Menschen. Sie sind uns in vielen Dingen sehr ähnlich, das kann nach neuesten wissenschaftlichen Erkenntnissen niemand mehr bestreiten, die Forschungsergebnisse weisen in eine ziemlich eindeutige Richtung. Aber sie sind in vielen Dingen eben auch ganz anders als wir und diese Unterschiede nicht nur zu tolerieren und akzeptieren, sondern sie als unfassbare Bereicherung unseres eigenen Lebens, Denkens und Handelns zu begreifen, macht für mich das Zusammenleben und die Freundschaft zu Hunden aus.

Was macht Hunde aus?

Ganz allgemein gesprochen sind Hunde hoch soziale Tiere, die ihre Nase benutzen, um Fressbares aufzuspüren (wobei ihre Definition von „fressbar“ sehr weit gefasst ist und die Ekelgrenze der meisten Menschen spätestens dann überschritten ist, wenn Fido im Wald ein Häufchen, dekoriert mit einem Papiertaschentuch findet und sich daran gütlich tut ...) und sich das dann auch gerne mal aus der Mülltonne oder von der Küchenanrichte holen, die sich liebend gern in Übelriechendem wäl-

9 R. Coppinger, M. Feinstein: Die Ethologie der Hunde, 1. Auflage 2018

Hunde sind hochsoziale Tiere. Eine grobes Spiel oder eine kleine Rauferei gehören für sie zum normalen Verhalten dazu.

zen und dazu neigen, bewegten Objekten – und dazu gehören in unserer Welt dummerweise auch Fahrradfahrer oder Jogger – nachzurennen. Sie jagen Hasen, Rehe und Katzen, meucheln Nachbars Hühner und graben den Garten um. Hunde bellen, knurren und können beißen, sie springen Menschen zur Begrüßung an und lecken ihnen über das Gesicht. Sie finden es gemütlich, auf dem Sofa oder dem Bett zu liegen und dabei ist es ihnen ziemlich egal, ob ihre Pfoten sauber sind und ob der Mensch auch noch Platz hat.

Therapiebedürftige Verhaltensstörung oder normales Verhalten

Viele Verhaltensweisen, die den Menschen stören oder in der Gesellschaft als unerwünscht gelten, gehören zum normalen Verhaltensrepertoire eines Hundes, werden in unserer Gesellschaft inzwischen aber leider häufig als „therapiebedürftige Verhaltensstörung“ klassifiziert. Und das stimmt so nicht. Eine Verhaltensstörung ist meistens eine Kombination aus genetischer Grundlage, Veränderungen im Gehirnstoffwechsel und Lernerfahrungen. Verhalten wird nach bestimmten Prinzipien erlernt und aufrechterhalten, weshalb es nach denselben Prinzipien auch wieder verlernt werden kann. Dabei werden unter Verhalten nicht nur die äußerlich sichtbare Aktivität eines Individuums verstanden, sondern auch die inneren Vorgänge wie Gefühle, Denken und körperliche Prozesse. Die Auseinandersetzung mit der Umwelt erfordert zahlreiche Lern- und Anpassungsleistungen. Lebewesen fühlen sich dann sicher, wenn sie in der Lage sind, auf diese psychischen und physischen Anforderungen flexibel und unter angemessener Berücksichtigung ihrer Bedürfnisse selbstständig zu reagieren. Reichen die eigenen Fähigkeiten nicht aus und erfährt das Lebewesen keine entsprechende Unterstützung, um zentrale Bedürfnisse, wie zum Beispiel das nach sozialer Sicherheit, zu erfüllen oder stehen äußere Umstände dem entgegen, wird das Wohlbefinden beeinträchtigt und Dauerstress entsteht. Als Folge davon können seelische und körperliche Erkrankungen, wie zum Beispiel ein veränderter Gehirnstoffwechsel, auftreten, die sich in Verhaltensstörungen manifestieren. Es ist also auch im Hinblick auf die psychische

Gesundheit unserer Hunde elementar, sie achtsam zu führen, sie zu unterstützen und ihnen nicht durch mangelndes Fachwissen unnötige Grenzen zu setzen, die sie zusätzlich stressen.

Zu hundlichem Normalverhalten gehören neben den bereits genannten Verhaltensweisen insbesondere auch Angst- und Aggressionsverhalten

- bei neuen, intensiven oder plötzlich auftretenden Reizen,
- bei Distanzunterschreitungen,
- bei Berührungen, wenn der Hund Schmerzen hat oder es nicht gewohnt ist, angefasst zu werden,
- im Zusammenhang mit Ressourcen wie zum Beispiel Futter, Spielzeug, Liegeplätzen oder auch Sozialpartnern

und, wie bereits erwähnt, natürlich das Jagdverhalten.

Wenn ein Hund beißt, weil er sich bedroht fühlt, dann ist das keine Verhaltensstörung. Es ist eine normale Reaktion, die Hunde auf eine empfundene Bedrohung zeigen können. Wenn ein Hund menschliche Hinterlassenschaften frisst, dann ist das zwar eklig, aber ebenfalls keine Verhaltensstörung. Exkremente anderer Tiere – und dazu gehören auch Menschen – sind natürlicher Bestandteil des Speiseplans von Caniden. Ein Hund, der auf einen fremden Menschen mit Verbellen reagiert, ist nicht verhaltensgestört, sondern zeigt hundliches Normalverhalten. Eine Verhaltenstherapie im eigentlichen Sinne ist in solchen Fällen deshalb nicht notwendig. Eine Veränderung des Verhaltens durch eine Verbesserung der Lebensbedingungen und strukturiertes Training jedoch schon, da der Hund durch diese Verhaltensweisen andere belästigt oder gefährdet. Beim Fressen von menschlichen Hinterlassenschaften leidet meistens die eigene Bezugsperson, denn kaum etwas ist ekelhafter als ein Hund, der freudestrahlend aus einem Gebüsch kommt,

Auch ein kleiner Hund ist wehrhaft und kann zubeißen, wenn er sich bedroht fühlt.

den Bart voll mit Unaussprechlichem und einem dann an seinem Erlebnis teilhaben lassen will … Nun kann man darüber streiten, ob dieses Verhalten wegtrainiert werden muss. Auch hier muss sich jeder wieder selbst fragen: Kann und will ich das so lassen? Im Sinne des Hundes ist ein Eingreifen des Menschen immer dann notwendig, wenn ein bestimmtes Verhalten gezeigt wird, weil es dem Hund nicht gut geht in der Situation, aber natürlich zählt auch – wie in diesem Beispiel – die Ekelgrenze des Menschen in der gemeinsamen Beziehung.

Bei Hunden, die Menschen verbellen oder gar beißen, ist Angst oft eine Ursache für das Verhalten. Der Hund versucht, die (gefühlte) Bedrohung auf Distanz zu halten oder zu vertreiben. Hat ein Hund vor vielen Dingen so große Angst, dass er unter Dauerstress steht und seine Lebensqualität dauerhaft eingeschränkt ist, hat er Traumata erlitten oder liegt der

Verdacht nahe, dass er tatsächlich unter einer Verhaltensstörung leidet, muss ihm im Rahmen einer individuellen Verhaltenstherapie durch einen entsprechend ausgebildeten Verhaltensberater oder einen Tierarzt mit der Zusatzbezeichnung Verhaltenstherapie geholfen werden, damit er wieder ein lebenswertes Leben führen kann. In solchen Fällen sind ein bedürfnisorientierter Umgang und belohnungsbasiertes Training allein in der Regel nicht ausreichend.

Ursachen für unerwünschtes Verhalten

Stress, Frustration und Überforderung sind die Hauptursachen dafür, dass Hunde unerwünschtes Verhalten zeigen. Hunde sind keine Menschen, sie nehmen die Welt ganz anders wahr und sind oft mit der Umwelt und ihren vielen Reizen überfordert. Sie stoßen an ihre Grenzen und können ihre Überforderung nur ausdrücken, wie Hunde das eben tun: Bellen, in die Leine springen oder in die Leine beißen, an der Leine ziehen usw. Viele Dinge, die für uns selbstverständlich sind, verlangen dem Hund Einiges ab und für manche Hunde ist es schlicht und ergreifend zu viel.

Von Menschen gemachte Regeln, die dem Wesen des Hundes entgegenstehen, sind vielfältig:

- nichts Fressbares sammeln/ klauen,
- fremden Hunden begegnen, denen er lieber ausweichen würde,
- an der Leine gehen, auch in der Stadt und im Straßenverkehr,
- alleine zu Hause bleiben ohne Mensch, ohne Artgenossen,
- im Auto, öffentlichen Verkehrsmitteln, der Bergbahn mitfahren,
- mit in den Urlaub fahren (Hunde sind von Natur aus relativ standorttreu),

Für die meisten Hunde gibt es Angenehmeres, als stundenlang im Café stillzuhalten …

- im Restaurant ruhig unter dem Tisch liegen, auch wenn Hunde oder Menschen sich dem Tisch nähern,
- kommen, wenn man ihn ruft, ganz gleich bei welchem eigenen Interesse oder bei welcher Ablenkung,
- (oftmals völlig unsinnige) Kommandos oder Verhaltensregeln befolgen,
- artig sein beim Tierarzt oder Hundefriseur und dessen übergriffiges Verhalten widerstandslos akzeptieren
- und und und … diese Liste könnte noch lange fortgesetzt werden.

Das alles sind Dinge, die den Bedürfnissen eines Hundes nicht gerecht werden, und je weniger seine Bedürfnisse erfüllt werden, umso gestresster und frustrierter wird er und umso mehr unerwünschte, „lästige" Verhaltensweisen treten zu Tage, denen dann wiederum Einhalt geboten werden soll.

Bedürfnisse von Hunden

Einen Überblick über die Bedürfnisse von Hunden habe ich in der Bedürfnispyramide, angelehnt an das sozialpsychologische Modell des US-Psychologen Abraham Maslow, zusammengefasst:

Bedürfnis nach Selbstbestimmung
Hund sein dürfen, spezielle Hobbys des Hundes, Nein sagen dürfen

Bedürfnis nach Bindung
Liebe, Geborgenheit, wohlwollender, fairer und respektvoller Umgang, Anerkennen der Persönlichkeit des Hundes, Rücksichtnahme, Wichtigkeit, Gemeinsamkeit

Soziale Bedürfnisse
Kontakt zu der/n Bezugsperson/en – mindestens 2/3 des Tages, Körperkontakt, Kontakt zu freundlichen Artgenossen im individuell richtigen Maß

Sicherheitsbedürfnis
Körperliche und psychische Unversehrtheit, verlässliche, wohlwollende, liebevolle Bezugsperson, Kontrollierbarkeit der Umgebung, Tagesroutine, sich sicher fühlen, belohnungsbasiertes Training an Angstauslösern

Körperliche Grundbedürfnisse
Gesundheit und Schmerzfreiheit, medizinische Versorgung, hochwertiges Futter, sauberes Trinkwasser zur freien Verfügung, ausreichend Ruhe und Schlaf (17 bis 20 Stunden pro Tag), bequemer Schlafplatz mit der Möglichkeit zur Temperaturregulation, ausreichend Möglichkeiten sich frei zu bewegen, zu schnuppern und sich zu lösen

Rasse- und typbedingte Unterschiede

Sich die Bedürfnisse von Hunden im Allgemeinen anzuschauen und kritisch zu prüfen, inwiefern wir diese Bedürfnisse beim eigenen Hund erfüllen, ist der erste Schritt, um unerwünschtes Verhalten zu verändern. In einem zweiten Schritt sollten wir uns etwas näher mit der Rasse oder dem Typ befassen, zu dem unser Hund gehört. Durch gezielte Selektion auf bestimmte äußerliche Merkmale oder Verhaltensmerkmale sind durch Zucht unterschiedliche Rassen, Typen und Landschläge entstanden, deren Bedürfnisse sich teilweise stark voneinander unterscheiden. Wohl kaum jemand wird abstreiten, dass beispielsweise das Bedürfnis nach Bewegung bei einem Greyhound in der Regel deutlich anders ausfällt als bei einem Berner Sennenhund. Ein Dalmatiner hat zwar auch ein starkes Bedürfnis nach Bewegung, er wird aber wohl eher nach einem längeren Lauf bei gleichbleibendem Tempo zufrieden sein, während der Greyhound lieber ein paar schnelle Sprints hinlegt, um sich dann zu Hause ausgepowert auf der Couch zu räkeln. Die meisten Bauhunde, wie zum Beispiel der Parson Russell Terrier oder der Dackel, buddeln für ihr Leben gern, es liegt ihnen quasi im Blut. Ein Beagle wird hingegen seine Zeit lieber damit verbringen, Spuren mit der Nase zu verfolgen,

während er Mauselöcher eher links liegen lässt. Und wo die meisten Beagles fremden Menschen sehr offen und freundlich gegenübertreten, wird ein Kangal im gleichen Kontext mit ziemlicher Sicherheit ein entschieden anderes Verhalten an den Tag legen.

Natürlich ist Verhalten niemals in Stein gemeißelt und so gibt es auch innerhalb der gleichen Rasse oder des gleichen Typs eine große Bandbreite, wie stark bestimmte Bedürfnisse ausgeprägt sind. Außerdem kann der Hund natürlich in einem gewissen Rahmen lernen, sich anders zu verhalten oder mit deutlich weniger zurechtzukommen, als es eigentlich angemessen wäre, denn Hunde sind sehr anpassungsfähig. Aber grundsätzlich sollte man sich bereits vor dem Einzug eines Hundes gründlich informieren, für welche Rasse oder Mischung man sich entscheidet. Denn wenn die eigenen Bedürfnisse sich zu stark von denen des Hundes unterscheiden oder die Lebensbedingungen für den jeweiligen Typ Hund einfach nicht passend genug sind, dann sind Frust und Konflikte quasi vorprogrammiert und letzten Endes geht das auf Kosten der Lebensqualität aller Beteiligten.

Ein Hund aus der Gruppe der Hütehunde, die unter anderem darauf selektiert wurden, schnell auf Bewegungsreize zu reagieren und daher sehr leicht zu aktivieren sind, wird in einem Haushalt mit mehreren Kindern im Kindergarten- oder Grundschulalter vermutlich nicht auf das Pensum an Ruhe und Schlaf kommen, das er bräuchte, um ein ausgeglichener Alltagsbegleiter sein zu können. Ein dauerhaft gesteigerter Erregungslevel, einhergehend mit einer niedrigen Frustrationstoleranz und daraus folgenden problematischen Verhaltensweisen wie der Neigung zu häufigem Bellen, starkem Hüteverhalten gegenüber anderen Hunden und/ oder Menschen oder auch dem Hetzen von bewegten Objekten wie Autos, Fahrrädern oder sogar Zügen werden mit großer Wahrscheinlichkeit auftreten.

Ganz ähnlich verhält es sich bei Hunden aus der Gruppe der Jagdhunde. Auch bei ihnen erlebe ich oft einen dauerhaft gesteigerten Erregungslevel und eine niedrige Frustrationstoleranz, was sich beispielsweise in heftigen Problemen bei der Begegnung mit Artgenossen äußert. In vielen Fällen stellt sich dann heraus, dass das eigentliche Problem des Hundes nicht die anderen Hunde sind. Viele Jagdhunde werden von Menschen angeschafft, die sich gerne in der Natur aufhalten

und sich nichts Schöneres vorstellen können, als gemeinsam mit ihrem Hund durch Wald und Flur zu streifen. Und im Glauben daran, ihrem Hund etwas Gutes zu tun, machen sie genau das: Sie fahren tagein tagaus mit ihren Hunden in den Wald und gehen dort mit ihnen spazieren. Allerdings nur angeleint, denn der Jagdhund geht ja sonst jagen. Jagdhunde werden in unterschiedlicher Weise durch den Anblick oder den Geruch von Wild oder auch durch bestimmte Umweltreize, wie zum Beispiel offene Flächen oder Gebüsche, in ihrem Jagdverhalten getriggert. Ausleben dürfen sie es in der Regel aber nicht. Wird Verhalten immer und immer wieder aktiviert, ohne dass es dann auch wirklich ausgeführt werden kann, erzeugt das beim Hund Stress und Frust. Verhaltensprobleme, die auf den ersten Blick gar nichts damit zu tun haben, wie zum Beispiel die Begegnungsproblematik mit Artgenossen, sind häufig die Folge.

Je besser man sich also vor der Anschaffung eines Hundes darüber informiert, worauf die Rasse oder der Typ selektiert wurde, welche Eigenschaften der Hund dem Zuchtziel oder dem früheren Verwendungszweck entsprechend mitbringen soll und je ehrlicher man sich die Frage beantwortet, ob die eigenen Bedürfnisse und die aktuellen Lebensbedingungen den Bedürfnissen des Hundes gerecht werden, umso wahrscheinlicher ist es, dass das gemeinsame Leben harmonisch verlaufen wird.

Selbstverständlich gibt es keine Garantien und so mancher Mischling entpuppt sich im Nachhinein als etwas ganz anderes, als im Vermittlungstext angegeben oder vom Aussehen abgeleitet wurde. Nichtsdestotrotz sollte man Rasse und Typ bei der Auswahl des passenden Vierbeiners unbedingt berücksichtigen.

Individuelle Bedürfnisse

Zuletzt müssen wir uns in einem dritten Schritt unserer Überlegungen noch mit der individuellen und einzigartigen Persönlichkeit des von uns ausgesuchten Hundes beschäftigen. Jeder Hund hat diese eigene Persönlichkeit. Genau wie jeder Mensch ein Individuum ist, ist es auch jeder Hund – mit ganz eigenen Vorlieben, Charakterzügen und Wünschen.

Es gibt Hunde, die kuscheln für ihr Leben gern mit ihren Bezugspersonen, so wie beispielsweise meine Terriermix-Hündin Maya und auch meine Parson Russel Terrier-Hündin Hermine. Beide liegen am liebsten auf mir drauf, schlafen im Bett und da auch gern unter der Bettdecke. Kommt Maya in Sachen Körperkontakt nicht auf ihre Kosten, hat das Folgen: Sie wird unausgeglichener, und dadurch reagiert sie schneller und stärker auf Reize. Das äußert sich unter anderem darin, dass sie deutlich mehr bellt, wenn sie irgendetwas wahrnimmt, was sie als bedenklich einstuft – und tatsächlich stuft sie dann auch mehr Dinge als bedenklich ein als zu ausgeglichenen Zeiten. Das unerwünschte Verhalten des übermäßigen Bellens ist also eine direkte Konsequenz auf ein nicht erfülltes, individuelles Bedürfnis dieses speziellen Hundes. Am Verhalten selbst anzusetzen, Maya Grenzen zu setzen in ihrem Verhalten und sie beispielsweise für das Bellen zu bestrafen oder für das Nicht-Bellen zu belohnen, ginge vollkommen an der eigentlichen

Ursache des Verhaltens vorbei. Hat Maya ausreichend Möglichkeiten, ihr Bedürfnis nach Körperkontakt zu stillen, wird das Bellen von ganz alleine wieder deutlich weniger. Mayas Beispiel ist gut geeignet, um ein Dilemma aufzuzeigen: Was, wenn die Bedürfnisse des Hundes und problematisches oder störendes Verhalten als direkte Folge der Nichterfüllung von Bedürfnissen im Konflikt stehen mit den Bedürfnissen des Menschen? Es gibt natürlich Menschen, die aus den unterschiedlichsten Gründen nicht möchten, dass ihr Hund im Bett schläft. Mir selbst geht es sogar manches Mal so, weil Maya leider ein sehr unruhiger Schläfer ist und mich deshalb in mancher Nacht mehrmals aufweckt. Ein erholsamer Schlaf ist das nicht. Ich nehme das in Kauf, weil ich das große Glück habe, mir meinen Tag durch meine Selbstständigkeit frei einteilen zu können.

Maya braucht regelmäßig den engen Körperkontakt, um ausgeglichen zu bleiben.

Kundentermine mache ich grundsätzlich frühestens ab 10:30 Uhr und zur Not lässt sich immer mal ein Mittagsschläfchen einrichten.

Was aber tun, wenn unterschiedliche Bedürfnisse aufeinanderprallen, die nicht vereinbar sind? Dem Hund seinen Willen lassen? Das eigene Bedürfnis über das des Hundes stellen? Ich suche in solchen Fällen sowohl bei meinen eigenen Hunden als auch für die Mensch-Hund-Teams, die ich im Coaching begleite, immer nach einer Lösung, die für Mensch und Hund das größte Maß an Bedürfnisbefriedigung bietet. So könnte der Hund nachts auf seinem eigenen Platz schlafen, damit der Mensch gut schlafen kann, dafür werden aber jeden Tag Kuschelzeiten eingeplant, zu denen der Hund sein Bedürfnis nach Körperkontakt und damit auch Bindungsverhalten stillen kann.

Planen Sie täglich Zeit für die ganz individuellen Bedürfnisse Ihres Hundes ein.

Natürlich gibt es auch Hunde, die Körperkontakt und Kontaktliegen nicht mögen. Bei meiner Emma, einem Dalmatinermischling, geboren im Mai 2004, ist das so. Das höchste der Gefühle war, wenn sie sich früher freiwillig zu mir auf die Couch gelegt und ihr Rücken meinen Oberschenkel berührt hat. Da hieß es dann für mich allerdings Hände bei mir behalten, denn wenn ich zu aufdringlich wurde und begann sie zu streicheln, stand sie auf und legte sich ein Stück von mir weg oder verließ die Couch gleich ganz, um sich stattdessen in eines ihrer Hundebetten zu legen. Auch da prallten unterschiedliche Bedürfnisse aufeinander: Mein Bedürfnis, mit meinem geliebten Hund zu kuscheln und das Bedürfnis meines Hundes, einfach in Ruhe und ungestört gemütlich in meiner Nähe auf dem Sofa liegen zu können. Und ja, ich gebe zu: Es gab Zeiten, da habe ich die arme Emma sogar genötigt, bei mir im Bett zu schlafen.

Als Emma 11 Jahre alt war, musste sie mehrere Operationen über sich ergehen lassen. Mein Hund war nicht mehr jung und meine Sorge, sie bald nicht mehr um mich zu haben, dementsprechend groß. Ich wollte sie nah bei mir haben und jeden Moment mit ihr genießen. Emma hat das über sich ergehen lassen. Sie lag bei mir im Bett und blieb dort bis zum Morgen. Dieses Jahr wird Emma hoffentlich ihren 17. Geburtstag feiern. Ich habe in den letzten Jahren viel gelernt und sie muss schon seit langer Zeit nicht mehr bei mir im Bett schlafen. Stattdessen lege ich mich jeden Abend vor dem Schlafengehen für ein paar Minuten zu ihr auf ihr Nachtlager, kraule ihr die Ohren, so wie sie es mag, und freue mich darüber, dass sie diese Art des Kontakts sichtlich genießt.

Spezielle Lebensphasen

Hunde haben nicht nur aufgrund ihrer Rasse oder ihres Typs und ihrer Persönlichkeit unterschiedliche Bedürfnisse. Auch die verschiedenen Lebensphasen bringen Veränderungen mit sich in Bezug auf das, was ein Hund braucht, um glücklich und zufrieden zu sein.

Die Welpenzeit

Welpen, die ins neue Zuhause ziehen, brauchen in erster Linie Zeit und Verständnis für ihre Entwicklung von ihren Bezugspersonen und nicht, wie weithin angenommen, möglichst viel Training und Maßnahmen zur Sozialisierung. Ja, Welpen lernen schnell, so schnell wie nie mehr in ihrem Leben. Welpen sind aber auch schnell überfordert und genau hier liegt der Hase im Pfeffer: Ein Welpe ist ein HundeKIND und ebenso wie ein

menschliches Kind durchläuft der Welpe einen körperlichen und geistigen Entwicklungs- und Reifeprozess, der verschiedene Dinge zur gegebenen Zeit einfach passieren lässt. Ein gutes Beispiel ist die Stubenreinheit: Viele meiner Kunden machen sich große Sorgen, weil ihr Welpe mit zehn oder zwölf Wochen noch nicht stubenrein ist. Sie fragen sich, was sie falsch machen, und mich, ob ich ihnen nicht noch andere Tipps geben kann, als den Welpen nach jedem Schläfchen, nach jeder Mahlzeit, nach jedem Spiel und immer dann, wenn er anfängt, intensiv am Boden zu schnuppern oder sich im Kreis zu drehen, nach draußen zu bringen. Aber die Stubenreinheit ist nichts, was man durch spezielles Training beschleunigen kann. Sie steht in direktem Zusammenhang mit der körperlichen Reife des Welpen und die ist nun mal individuell. Deshalb kann es gut sein, dass Nachbars Fiffi bereits mit 12 Wochen stubenrein ist, während der eigene Hund auch mit 16 Wochen immer noch hier und da eine Pfütze oder ein Häufchen in der Wohnung platziert.

Wann ein Welpe stubenrein wird, hängt von seiner ganz individuellen körperlichen Reife ab.

Das Thema Sozialisierung und Gewöhnung an Umweltreize ist eines, das häufig beim älter werdenden Hund Probleme verursacht. Und nicht etwa, weil die Welpen zu wenig erleben würden, im Gegenteil: Mit den besten Absichten, einen umweltsicheren Hund zu formen, werden die kleinen Kerle heillos überfordert und sehen sich immer wieder Situationen ausgesetzt, in denen sie Angst empfinden und die sie alleine nicht mit einem guten Gefühl bewältigen können. Hilfe von ihren Bezugspersonen bekommen sie dabei häufig nicht, weil immer noch viele Falschinformationen (wie z. B.: „Das machen die schon unter sich aus." usw.) im Umlauf sind, was den Umgang mit Welpen betrifft. Das erzeugt Stress beim Welpen und der Aufbau einer sicheren Bindung wird massiv gestört.

Das Wichtigste für einen Welpen ist die Erfahrung zu machen, dass er sich auf seinen Menschen verlassen kann. Nur so kann Vertrauen wachsen und der Welpe kann aus der Sicherheit der Nähe seiner Bezugsperson heraus in seinem Tempo die Welt erkunden. Man spricht auch von der „Bindung als sicherem Hafen". Aus dieser Sicherheit heraus, in der Gewissheit, beschützt und angenommen zu sein, kann ein Hundekind seine Umwelt viel freier und selbstverständlicher erkunden und seine Persönlichkeit entfalten.

Jede schlechte Erfahrung, die ein Welpe macht, prägt sich ein, denn Welpen lernen schnell und nachhaltig. Und so verwundert es nicht, dass ich im Coaching häufig auf Junghunde oder erwachsene Hunde treffe, die problematisches Verhalten mit Menschen, Artgenossen oder Umweltreizen zeigen. Oft haben sie als Welpen ein straffes Programm übergestülpt bekommen, das vollkommen an den eigentlichen Bedürfnissen in dieser sensiblen Lebensphase vorbeiging.

Die Junghundezeit

Wird der Welpe langsam zum Junghund, wird oft nichts besser. Von allen Seiten hört der Halter eines jungen Hundes, dass er jetzt aber aufpassen müsse, denn der Hund würde nun damit beginnen, Grenzen auszutesten und sich aufzulehnen. Deshalb werden die Zügel angezogen, das Training wird intensiviert und „Kommandos werden durchgesetzt“, weil man sich von dem Halbstarken nicht auf der Nase herumtanzen lassen darf. Und auch das geht wieder völlig an den Bedürfnissen des jungen Hundes vorbei.

Einem unsicheren Junghund ist sicher nicht damit geholfen, wenn sein Halter Kommandos durchsetzen will.

Hunde in der Jugendentwicklung durchlaufen unter anderem hormonelle Veränderungen. Hündinnen werden zum ersten Mal läufig, Rüden beginnen sich für Hündinnen zu interessieren und andere Rüden werden erstmals als Konkurrenz wahrgenommen. Aber auch im Gehirn finden gravierende Veränderungen statt. Diese Veränderungen führen zum einen dazu, dass der junge Hund abenteuerlustiger wird und sein Radius sich deshalb vergrößert. Das Entdecken der Welt auf eigene Faust ist stark selbstbelohnend und verschafft dem Junghund gute Gefühle wie Selbstbewusstsein, Stärke und daraus resultierende Lebensfreude. Diese Empfindungen stehen oft in starkem Kontrast zu den Gefühlen, die er durchlebt, wenn er mit seiner Bezugsperson zusammen ist. Denn diese baut Druck auf, der Gehorsam rückt in den Vordergrund, der junge Hund soll sich eben nicht stark und selbstbewusst fühlen, sondern sich unterordnen und gehorchen. Ist es da verwunderlich, dass so mancher Junghund lieber Zeit ohne seinen Menschen verbringt?!

Weiter führen die Veränderungen im Gehirn aber auch dazu, dass junge Hunde deutlich schneller in Stress geraten und wesentlich stärker und heftiger auf Dinge reagieren, die ihnen im Alltag begegnen. Auch wenn diese Dinge bisher völlig unproblematisch waren. So war ich eines Tages mit meiner guten Hermine unterwegs. Sie war zu diesem Zeitpunkt etwa neun Monate alt und lief ungefähr 20 Meter vor mir, als sie auf einmal anfing, wild zu bellen. Sie war völlig außer sich.

Ich schaute mich um, konnte aber zunächst nichts entdecken, was diesen Aufruhr verursacht haben könnte. Bis ich mich auf ihre Augenhöhe begab. Nun ist so ein Parson Russell Terrier nicht besonders groß, ich musste also auf die Knie gehen, um zu sehen, was Hermine da so aus der Bahn geworfen hatte: Es war ein Maulwurfshügel. Und wie wir alle wissen, haben Maulwurfshügel die unangenehme Eigenschaft, neun Monate alte Terrier am Stück zu verschlucken. ☺ Nein, natürlich tun sie das nicht. Aber das Gehirn des jungen Hundes glaubt in solchen Situationen genau das. Was Junghunde deshalb brauchen, ist eine verlässliche Bezugsperson, die Verständnis für diese besondere Entwicklungsphase mitbringt und die dem jungen Hund zur Seite steht, anstatt ihn mit besonders strengem und „konsequentem" Training in die gewünschte Spur zu bringen.

Das heißt natürlich nicht, dass der Junghund alles darf und man ihn einfach machen lassen soll. Die Grundsätze, niemanden zu belästigen oder zu gefährden, auch nicht sich selbst und dem Hund Hilfe zuteilwerden zu lassen, wenn er gestresst oder ängstlich ist, gelten selbstverständlich auch für den Junghund. Das kann auch bedeuten, dass er in dieser Entwicklungsphase

lieber einmal öfter angeleint bleibt und dass man ihn an Tagen, an denen er eh schon „durch den Wind“ ist, nicht auch noch mit Situationen konfrontiert, die er garantiert nicht bewältigen kann. Wie in der Welpenzeit ist auch in der Junghundezeit weniger oft mehr und je erwachsener der Hund wird, umso mehr Ruhe kehrt auch im Hormonhaushalt und im Gehirn wieder ein.

Das Erwachsenenleben

Auch wenn das Erwachsenenalter hinsichtlich der Veränderungen im Gehirn und auf hormoneller Ebene die wohl ruhigste Phase im Leben eines Hundes ist, so ist natürlich auch in dieser Zeit die Erfüllung seiner Bedürfnisse besonders wichtig, damit es ihm gut geht. Problematisches Verhalten

steht eigentlich immer in Zusammenhang mit einer Schieflage des Wohlbefindens und so ist es immer notwendig, die Lebensbedingungen kritisch unter die Lupe zu nehmen, wenn Schwierigkeiten auftauchen.

In seinem Erwachsenenleben kann ein Hund mit vielen Ereignissen konfrontiert werden, die seine Bedürfnisse oder seine ganze Welt verändern. Umzüge mit den Bezugspersonen in ein neues Lebensumfeld, ein Partnerwechsel bei der Bezugsperson, der Tod eines geliebten Menschen oder vierbeinigen Familienmitglieds, zu dem der Hund eine gute Bindung hatte, der Einzug eines weiteren Hundes oder anderen Tieres in den Haushalt, die Geburt eines Kindes, unangenehme Lernerfahrungen oder sogar Traumatisierungen, zum Beispiel durch die Attacke eines anderen Hundes oder einen Autounfall, ein Besitzerwechsel oder sogar die Abgabe in ein Tierheim beeinflussen den Hund meistens stark.

Immer wieder einen liebevollen Blick auf den Hund und sein Verhalten zu werfen und sich dabei zu fragen, ob es irgendetwas gibt, das seine Lebensqualität verbessern würde, gehört deshalb auch während des Erwachsenenalters in unseren Aufgaben- und Verantwortungsbereich als Bezugsperson.

Das Alter

Wird der Hund alt, verändern sich seine Bedürfnisse ein weiteres Mal, stärker als während seines bisherigen Erwachsenenlebens. Viele alte Hunde brauchen mehr Ruhe und Schlaf, sie schnüffeln länger und ausgiebiger an einzelnen Grashalmen, so dass das gewohnte Spaziergehtempo nicht mehr machbar ist, ohne den Hund ständig anzutreiben. Oft verursachen Arthrosen oder andere Erkrankungen beim Hund körperliche Beschwer-

den, ohne dass dies den Bezugspersonen auffällt. Ein gutes Schmerzmanagement hilft dem alten Hund dabei, mobil zu bleiben und Bewegung weiterhin genießen zu können, wenn auch langsamer und in geringerem Umfang. Aber auch andere, altersbedingte Zipperlein werden wahrscheinlicher und so sollte ein älterer Hund medizinisch besonders gut betreut werden. Für mich gehören dazu regelmäßige Blutuntersuchungen, die Kontrolle und Pflege der Zähne, Ohren und vor allem auch Krallen, die oft durch das Weniger an Bewegung eine ungute Länge erreichen, die sich schließlich auf den gesamten Bewegungsapparat auswirkt. Ein Bauchultraschall kann Aufschluss darüber geben, ob mit Leber, Milz und Nieren alles in Ordnung ist. Gerade Milztumore treten bei alten Hunden relativ häufig auf und sind frühzeitig erkannt meist noch gut entfernbar. Unerkannt führen sie in der Regel zum Tod, weil sie sehr schnell wachsen, dann platzen und der Hund innerhalb kürzester Zeit an inneren Blutungen verstirbt.

Viele alte Hunde legen keinen Wert mehr auf den Kontakt zu fremden Hunden. Das sollte man respektieren und Gassistrecken wählen, auf denen nicht so viel los ist. Außerdem sollten Sie Ihren alten Hund vor den jungen Wilden schützen. Kein alter Hund sollte sich gegen einen voll im Saft stehenden, übermütigen Junghund zur Wehr setzen müssen, der „nur spielen" will. Und auch wenn der andere Hundehalter Ihnen sagt, dass es schon in Ordnung sei, wenn Ihr Hund den Jungspund zurechtwiese: Ihr alter Hund ist nicht zuständig für die Erziehung eines fremden Junghunds. Ihr alter Hund hat es verdient, in Ruhe seiner Wege gehen zu können. Es ist daher in vielen Fällen wirklich vernünftig, einsamere Gebiete auszusuchen, denn Diskussionen mit anderen Hundehaltern sind in solchen Situationen meist wenig zielführend.

Alte Hunde fressen lieber mehrere kleine Portionen über den Tag verteilt.

Auch das Fressverhalten ändert sich im Alter bei vielen Hunden. Sie werden mäkeliger und können keine großen Portionen mehr fressen, sondern brauchen mehrere kleinere Portionen über den Tag verteilt. Dem sollte man Rechnung tragen. Futter, das der alte Hund gerne frisst, auch wenn es vielleicht nicht den eigenen Maßstäben an „super gesund" entspricht, beinhaltet einen großen Wohlfühlfaktor.

Was bei alten Hunden außerdem bedacht werden muss, sind die Veränderungen im Gehirn. Demenz gibt es auch beim Hund und es kann nötig sein, ihn medikamentös zu unterstützen, um die Symptome abzumildern. Bei Emma hatte ich beispielsweise eine zunehmende Ängstlichkeit bis hin zur Panik beobachtet, wenn es darum ging, dass ich irgendetwas mit ihr tun musste, obwohl das in früheren Jahren nie ein Problem gewesen war. Ohren säubern, Krallen schneiden oder ihr zur Nacht eine Windel anziehen – all ist nicht mehr möglich gewesen, ohne dass sie richtig Angst bekommen hat und nur noch weg wollte. Sie bekommt deshalb speziell auf ihre Bedürfnisse abgestimmte Nahrungsergänzungen, die gegen die Angst wirken. Ihre Lebensqualität hat sich dadurch wieder stark verbessert.

Alte Hunde können uns vor allem eins lehren: Geduld. Wie die Welpen- und Junghundezeit ist auch das Alter eine spezielle Lebensphase, in der unsere Hunde noch mehr Verständnis und liebevolle Zuwendung brauchen, als sie es ohnehin verdient haben.

Bedürfnisse und Wünsche

Wie bereits mehrfach erwähnt, geht es bei der Berücksichtigung der Bedürfnisse des Hundes nicht darum, ihm alles durchgehen zu lassen und keine Grenzen zu setzen. Es geht darum, ihm ein hundegerechtes Leben zu ermöglichen, das seine Individualität und Persönlichkeit achtet und respektiert.

Deshalb ist es sinnvoll, Wünsche von Bedürfnissen zu unterscheiden. Ein Bedürfnis entsteht aus einem Mangel heraus. Wenn mein Hund müde ist, dann braucht er Ruhe, Schlaf und Erholung, das ist das eigentliche Bedürfnis. Wo er schlafen möchte, kann nun mit einem weiteren Bedürfnis zusammenhängen – nämlich dem nach Sicherheit. Möglicherweise fühlt der Hund sich in meinem Bett am sichersten, weil es dort intensiv nach mir riecht. Es kann aber auch einfach nur ein Wunsch dahinter stecken, weil wir es mit einem Hund zu tun haben, der sich überall in seinem Zuhause wohl und sicher fühlt und mal hier und mal dort schläft. Diese Unterscheidung zu treffen ist manchmal gar nicht so einfach, da Hunde zwar sprechen, aber leider eben nicht reden können. Wir können uns oft einfach nicht sicher sein, ob es sich um einen Wunsch oder ein Bedürfnis handelt und deshalb sage ich: „Im Zweifel für den Hund.“ Da Hunde uns ohnehin in vielen Lebensbereichen ausgeliefert sind, versuche ich nicht nur alle Bedürfnisse, sondern auch möglichst viele ihrer Wünsche zu erfüllen.

Ein weiteres Beispiel soll verdeutlichen, was ich meine: Wenn ich mit den Hunden spazieren gehe, dann erfülle ich gleich mehrere Grundbedürfnisse. Sie können sich weitgehend frei bewegen, schnuppern, sich lösen, sie dürfen einfach Hund sein und ihren Hobbys nachgehen, soweit diese niemanden stören. Die Strecke kann ich dabei bestimmen, ich kann die Richtung vorgeben und

Meist dürfen meine Hunde entscheiden, welchen Spazierweg wir nehmen.

trotzdem die Grundbedürfnisse meiner Hunde erfüllen.

Ich kann aber auch auf die Wünsche meiner Hunde eingehen, was die Strecke betrifft. Mir ist es nämlich ehrlich gesagt fast egal, wo wir langgehen. Meistens jedenfalls. Wenn wir unser Grundstück verlassen, haben wir die Wahl zwischen drei Richtungen: Rechts den Waldweg entlang, geradeaus einem Trampelpfad folgend durch den Wald in ein Gebiet, in dem wir mit ziemlicher Sicherheit niemanden treffen werden oder links unserer Zufahrtsstraße folgend. Manchmal ist mein Bedürfnis nach Ruhe so groß, dass ich geradeaus gehen will, dorthin, wo wir niemandem begegnen werden. Und auch wenn Maya dann lieber links die Straße entlanggehen würde, weil die zu einer ihrer Lieblingsmäusewiesen führt, auf der sie sich stundenlang beschäftigen kann, bitte ich sie mit mir mitzukommen und das tut sie dann auch. Ich komme ihrem Wunsch also nicht nach, sie aber erklärt sich bereit, das zu tun, was ich gerade brauche. Das Ganze ist ein Geben und ein Nehmen und natürlich sorge ich im Gegenzug dafür, dass wir auch oft genug die Strecken gehen, die die Hunde sich aussuchen. Es ist sogar in den meisten Fällen so, dass die Hunde – in der Regel ist es Maya, denn sie hat von meinen drei Hunden das größte Bedürfnis nach Selbstbestimmung – entscheiden dürfen, wo wir langgehen. Maya kommuniziert den Wunsch hier oder dort langzugehen, indem sie eine bestimmte Abzweigung nimmt, sich nach etwa 20 bis 30 Metern umdreht, mich ansieht und auf meine Rückmeldung wartet. Sage ich dann: „Ist ok, geh weiter!“, dann macht sie zwei, drei fröhliche Hüpfer, wenn sie losläuft, bevor sie wieder in ihr normales Tempo fällt. Man sieht es ihr so deutlich an, wie sehr sie sich darüber freut, dass ich sie den Weg bestimmen lasse. Training sorgt dafür, dass ich sie aber auch dazu bringen kann, einen anderen Weg mit mir zu gehen und manchmal mache ich das natürlich auch. Dann bekommt sie auf ihre Rückfrage hin kein „Ist ok, geh weiter!“, sondern ein „Wir gehen hier lang!“, mit einem Fingerzeig in die entsprechende Richtung. Je öfter sie entscheiden darf, was sie als Nächstes tut, desto größer ist ihre Bereitschaft, sich meinen Wünschen anzupassen, wenn ich das möchte.

Auf die Bedürfnisse unserer Hunde einzugehen ist unsere Pflicht, wenn wir ihnen ein lebenswertes Leben bieten wollen. Ihre Wünsche zu erfüllen, wann immer es uns ohne großen Aufwand möglich ist, sorgt dafür, dass ein lebenswertes Leben zu einem erfüllten wird.

Die Sache mit der Dominanz, dem Rudel, der Führung und dem Gehorsam

Rudel- und Rangordnungstheorien

Ich falle einfach mal mit der Tür ins Haus: Sämtliche Begründungen, die auf den Begriffen Dominanz, Rudel, Alpha und Rangordnung fußen und als Rechtfertigung für Strafen, Korrekturen und allgemein aversive Maßnahmen herangezogen werden, die das Verhalten von Hunden beeinflussen sollen, sind nicht haltbar. So einfach ist das. Es gibt keinen einzigen vernünftigen Grund, grob zu einem Hund zu werden. Keinen einzigen.

Veraltete Studienergebnisse, die zu Rückschlüssen hinsichtlich einer Rangordnung zwischen Mensch und Hund geführt haben (und zudem nicht am Haushund erfolgten, sondern einfach auf ihn übertragen wurden) sind längst widerlegt.[10] Sämtliche Forschungsarbeiten neueren Datums an Haushunden zeichnen ein gänzlich anderes Bild. Zum Beispiel wird in der wissenschaftlichen Welt darüber diskutiert, ob Hunde überhaupt wirklich Rudeltiere sind oder ob sie zwar sozial obligat sind, was bedeutet, dass ausreichender Sozialkontakt zu anderen Hunden wirklich wichtig, ja unerlässlich ist, dieser aber nicht auf verwandtschaftlichen Beziehungen basieren muss. In beiden Fällen bedeutet das aber nicht, dass Hunde, die im selben Haushalt leben, eine wie auch immer geartete Rangordnung ausbilden.

---

10 u.a. L. D. Mech, Alpha status, dominance, and division of labor in wolf packs, Canadian Journal of Zoology 77: 1196-1203, 1999

Ja, in Mehrhundehaushalten kann es zu Konflikten kommen, aus denen einer als Sieger hervorgeht. Das ist aber kein Kennzeichen für eine Rangordnung, sondern schlicht und ergreifend dafür, dass bestenfalls einer nachgibt, um eine Eskalation des Konflikts zu vermeiden, die möglicherweise Verletzungen zur Folge hätte. Frei lebende Hunde haben die Wahl, mit wem sie ihren Lebensraum teilen. Sie leben häufig in sehr kleinen Gruppen von nur zwei oder drei Tieren. (Die Ausnahme sind Hundemütter mit ihrem aktuellen Wurf oder große Gruppen von bis zu 60 Tieren, die eng zusammenhalten, weil sie sich in bestimmten Gebieten aufhalten, in denen zuverlässig Futter zu finden ist und in denen Fressfeinden getrotzt werden muss.) Wenn man diese Kleingruppen beobachtet, sieht man, wie freundlich und friedlich ihr Umgang miteinander ist. Die Tiere sind Freunde, häufig sogar Geschwister, die eine enge und innige Beziehung pflegen. Sie sind freiwillig zusammen und haben jederzeit die Möglichkeit zu gehen. Gruppen anderer Hunde gehen sie in der Regel aus dem Weg, da fremde Hunde mit ihnen um Nahrung und Lebensraum konkurrieren und Konkurrenz ein idealer Nährboden für Konflikte ist.

Unsere im Haus lebenden Hunde können sich nicht aussuchen, mit wem sie zusammenleben. Sie sind dem Willen und den Vorstellungen ihrer zweibeinigen Sozialpartner auf Gedeih und Verderb ausgeliefert. Und wenn der Mensch der Meinung ist, er habe ein Rudel, in dem ein Hund der „Alpha" ist, dem sich der oder die anderen unterzuordnen haben, dann müssen die Hunde Wege finden, mit dieser Situation zurechtzukommen. Tun sie das nicht, endet das oft damit, dass es zu Beißereien kommt und irgendwann solch großer Schaden angerichtet ist (körperlich, vor allem aber psychisch, denn das dauerhafte Leben in einer von Angst und Unsicherheit geprägten Umgebung kann Hunde ebenso traumatisieren wie Menschen), dass ihnen ein weiteres Zusammenleben nicht mehr möglich ist. Solche Geschichten erlebe ich in meinem Beruf zuhauf und sie machen mich besonders traurig, weil all dieses Elend gar nicht nötig wäre, würden die Menschen sich an wissenschaftlich belegbare Fakten halten, Althergebrachtes hinterfragen, sich des gesunden Menschenverstandes bedienen und auch mal auf ihr Bauchgefühl hören. Die falsche Vorstellung, dass Hunde in starren Rangordnungen leben, wird dann auch noch – ebenso falsch! – auf das Zusammenleben von Mensch und Hund übertragen. Das ist – mit Verlaub – völlig absurd. Rangordnungen können definitionsgemäß nur innerhalb einer Art (intraspezifisch) ausgebildet werden, niemals zwischen zwei unterschiedlichen Arten. Kein Mensch würde vermutlich auf die Idee kommen zu überlegen, ob auf einem Hof,

auf dem gleichzeitig Hunde und Hühner leben, nun einer der Hunde oder eins der Hühner (Hühner bilden untereinander in der Tat eine sehr strenge Hackordnung[11] aus, allerdings nur, wenn es um Futter geht) der Chef von allen sei.

Hühner bilden untereinander eine sehr strenge Hackordnung aus, allerdings nur, wenn es um Futter geht. Hunde tun dies nicht, schon gar nicht mit dem Menschen.

In der Hundeszene der westlichen Welt ist dieser grundfalsche Ansatz jedoch immer noch dauerpräsent und quasi nicht tot zu kriegen. Mit fatalen Folgen für unsere Hunde, denn sämtliche Maßnahmen, die aus dem Rudel- oder Rangordnungskonzept abgeleitet sind, sind strafbasiert. Äußerungen wie

- „Hunde brauchen klare Grenzen, damit sie ihre Besitzer ernst nehmen.",
- „Der Hund muss wissen, wie weit er gehen darf, damit es nicht zu (Rangordnungs)Problemen kommt.",
- „Ein Hund muss seinen Platz im Rudel kennen, sonst ...",
- „Das darfst du ihm nicht durchgehen lassen, sonst ...",

geben eine ganz klare Richtung vor: Wenn der Hund die von mir gesetzten Grenzen überschreitet, sich „schlecht" benimmt, muss er mit Konsequenzen rechnen. Dabei geht es gar nicht darum, dass der strafbasierte Ansatz nicht funktioniert. Natürlich tut er das, wenn man – wie ich später im Buch noch beschreiben werde – die Bestrafungsregeln einhält. Es geht um die Einstellung einem Lebewesen gegenüber, das sich das Zusammenleben mit uns nicht ausgesucht und keine Möglichkeit hat, seinem Schick-

11 T. Schjelderupp-Ebbe: Gallus domesticus in seinem täglichen Leben, Dissertation Universität Greifswald, 1921

sal zu entrinnen. Die Realität vieler Hunde sieht leider oft so aus, dass nicht einmal ihre grundlegenden Bedürfnisse erfüllt werden, der Umgang mit ihnen geprägt ist von Dominanzdenken, Gehorsam an oberster Stelle steht und angeblicher Ungehorsam mit Strafen bzw. Korrekturen (was lediglich ein beschönigender Begriff für Strafe ist) geahndet wird.

Unsere Führungsrolle gegenüber dem Hund ist durch die Welt vorgegeben, in der wir leben. Wir müssen die Verantwortung für unseren Hund übernehmen, ihn sicher durch den Alltag lotsen und ihm Halt und Führung bieten, wenn es ihm gut gehen soll. Aber Führung bedeutet nicht Diktatur und auch nicht, die eigene Machtposition gegenüber einem Schwächeren zu demonstrieren und auszunutzen. Bei Hunden erlebe ich aber genau das: Der Hund hat dies und jenes zu tun, er muss an jeder Bordsteinkante sitzen, er darf sein Futter erst nach Freigabe anrühren und er muss sich jederzeit vom Menschen den Napf unter der Nase wegziehen lassen. Warum? Was hat das damit zu tun, dem Hund Halt und Führung zu bieten? Meiner Meinung nach nicht das Geringste. Für mich ist das Machtmissbrauch.

Dieser Machtmissbrauch entsteht oft durch Fehlinformationen und vor allem auch durch die Angst vor Kontrollverlust. Wenn ich den Hund nicht dominiere, dann wird er unkontrollierbar und vielleicht sogar zu einer Gefahr, auf jeden Fall wird er nicht

Freundschaftliche Verbundenheit ist so viel mehr wert als stupider Kadavergehorsam.

auf mich hören. Doch diese Angst ist unbegründet. Im Grunde genommen ist sogar das Gegenteil der Fall. Wissenschaftliche Studien haben vielfach bewiesen, dass aversive Maßnahmen bestens geeignet sind, um Aggressionsverhalten zu befeuern[12], statt es zu kontrollieren. Es ist also sehr sinnvoll, die Quellen zu hinterfragen, die einen glauben lassen wollen, dass Hunde sich dem Menschen unterzuordnen haben.

Das Internet ist dabei Fluch und Segen zugleich. Jeder kann sich heutzutage auf einfachste Art und Weise Wissen beschaffen. Nur ist es schwierig, echtes (Fach)Wissen von erfundenen Wahrheiten zu unterscheiden, die zwar teilweise sehr wissenschaftlich klingen, aber keiner noch so oberflächlichen Prüfung auf Belastbarkeit standhalten.

12 u.a. G. Ziv: The effects of using aversive training methods in dogs – A review, Journal of Veterinary Behavior 2017, Volume 19, 50-60

Hunde souverän im Alltag führen

Um Hunde souverän im Alltag zu führen, brauchen Sie Verstand, vor allem aber Herz. Sie dürfen und sollten als Halter Verständnis für die Sorgen und Nöte Ihres Hundes haben. Wenn Sie herausfinden, warum er bestimmte Verhaltensweisen zeigt, dann können Sie auch herausfinden, was Sie tun können, um diese zu verändern – ohne Ihren Hund zu bestrafen, ihn körpersprachlich zu bedrohen, ihm Angst zu machen oder ihn gar körperlich anzugehen. Wenn Ihr Hund die Erfahrung macht, dass er sich auch in Situationen, die ihn ängstigen, stressen und überfordern – also in den Situationen, in denen er hauptsächlich unerwünschtes Verhalten zeigt –, vertrauensvoll an Sie wenden kann und er sich Ihrer Hilfe und Unterstützung sicher sein kann, dann werden Sie erleben, wie unfassbar sich seine Kooperationsbereitschaft steigern wird.

Seien Sie Ihrem Hund der Chef, für den Sie gerne arbeiten würden: Entwickeln Sie Kompetenz in Sachen Hund, handeln Sie ruhig und besonnen in Krisensituationen und lernen Sie, wie Sie Ihren Hund motivieren können. Seien Sie ihm ein gutes Vorbild und bringen Sie ihm Anerkennung und Wertschätzung entgegen. Stehen Sie hinter ihm, erkennen Sie seine Defizite und helfen Sie ihm dabei, sie auszugleichen, indem Sie ihn entweder fördern oder ihm in den Situationen zur Seite stehen, in denen er Ihre Hilfe braucht. Vor allem aber: Seien Sie Ihrem Hund ein Freund. Achten Sie auf seine Bedürfnisse, verbringen Sie Zeit mit ihm, haben Sie Spaß miteinander und genießen Sie das Gefühl von Bindung und Vertrautheit, das die Beziehung zu Ihrem Hund so einzigartig machen kann.

Harmonisches Zusammenleben von Mensch und Hund

Erziehung versus Training

Vielleicht ist Ihnen aufgefallen, dass ich in diesem Buch bisher den Begriff „Erziehung“ eher vermieden habe. Das hat natürlich Gründe. Zum einen habe ich generell eine Abneigung gegen diesen Begriff, denn in ihm steckt das Wort „ziehen“ und mir widerstrebt es einfach, an einem Lebewesen herumzu(er)ziehen, um es an unsere Gesellschaft, unser System, vermeintliche Normen und an meine eigenen oder die Vorstellungen anderer anzupassen. Erziehung hat für mich neben dem Erlernen von Regeln oder bestimmten Verhaltensweisen aber auch viel mit der

Vermittlung von gesellschaftlichen Normen und Werten, von Moral und Ethik zu tun. Vor allem dieser letzte Punkt passt auf Hunde einfach nicht. Hunde sind keine Menschen, sie haben keinerlei Verständnis von und für unsere menschliche Auffassung darüber, wie die Welt und alles, was sich auf ihr bewegt, zu funktionieren hat. Deshalb geht der Erziehungsbegriff meiner Meinung nach am Kern der eigentlichen Sache vorbei.

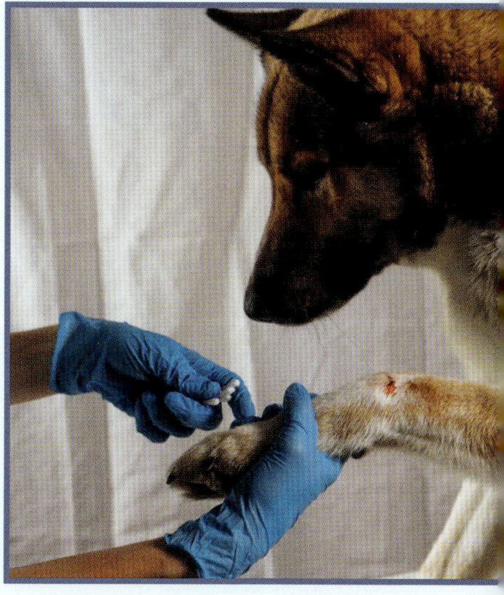

Auch unangenehme Maßnahmen müssen trainiert werden.

Unsere Hunde müssen gewisse Regeln und Verhaltensweisen lernen, damit ein stressfreies, harmonisches Zusammenleben mit uns als Bezugspersonen und mit dem Rest der Welt möglich ist. Und sie müssen auch lernen, unangenehme, aber notwendige Maßnahmen, wie zum Beispiel eine Blutentnahme, auszuhalten und zu tolerieren, wobei sie dabei meines Erachtens so wenig Stress und Angst erleben sollten wie nur möglich. Aber nichts davon hat mit menschlichen Normen, Werten, Moral oder Ethik zu tun. Deshalb ist in Bezug auf Hunde der Begriff des „Trainings“ weitaus passender als der der „Erziehung“. Training passt auch an, nämlich an Bedingungen, in denen wir ohne Training nicht bestehen könnten. Will jemand auf den Mount Everest steigen, dann muss er trainieren, sonst wird das nichts mit dem Gipfelerlebnis. Aber für den normalen Alltag bräuchte er dieses Training wohl eher nicht. Genau darum geht es mir, wenn ich entscheide, was ich mit einem Hund trainiere: Was braucht dieser Hund, um unter seinen Lebensbedingungen bestmöglich zurechtzukommen? Und was braucht er nicht?

Sinnvolle Regeln aufstellen

Die Entwicklung berücksichtigen

Fußend auf den Grundsätzen, niemanden zu belästigen oder zu gefährden und dem Hund ein Leben zu ermöglichen, das so stress- und angstarm wie nur möglich ist, können wir uns überlegen, welche Regeln der Hund lernen muss und was wir mit ihm trainieren sollten. Dafür müssen wir zuerst einmal zwischen der Änderung von gesellschaftlich oder sicherheitsrelevant unerwünschtem Verhalten und von Verhaltensweisen, die ein Hund erst im Laufe der Reife lernen kann, unterscheiden. Es macht zum Beispiel wenig Sinn, die Regel aufzustellen: „Mein Welpe darf nicht beißen.“ Denn das Beißen ist eine ganz natürliche Verhaltensweise, die Welpen nun mal zeigen. Welpen beißen einfach in alles. Sie erkunden die Welt mit ihrer

Schnauze und vor allem ist das Beißen häufig Ausdruck eines aktuell unerfüllten Bedürfnisses. Wenn Welpen einen Beißanfall haben, bei dem nichts mehr vor ihnen sicher ist, dann lohnt es sich Folgendes abzuchecken:

- Hat der Welpe vielleicht Hunger?
- Ist er müde/ überfordert?
- Muss er sich lösen?
- Ist ihm langweilig und er braucht etwas zu tun?

Auch kleine Kinder werden unleidlich und quengelig, wenn sie müde oder überreizt sind.

Nur in ganz wenigen Fällen steckt keiner dieser Gründe hinter dem Verhalten. Fokussiert man jetzt aber nur auf das Verhalten „Der Welpe beißt und das soll er nicht!“, setzt man am falschen Ende an. Die Wahrscheinlichkeit, dass die Situation noch mehr eskaliert, ist dadurch groß, denn sämtliche Straf- und Abwehrmaßnahmen werden dazu führen, dass der Welpe in Stress gerät, mit der Situation vollkommen überfordert ist und noch mehr um sich beißt. Oder die Maßnahmen sind derartig hart, dass der Welpe so eingeschüchtert ist, dass er sich aus Angst gar nichts mehr traut. Für den Vertrauens- und Bindungsaufbau ist das fatal.

Die Devise lautet hier also definitiv nicht, dem Welpen Grenzen zu setzen, weil er ein Verhalten zeigt, das er nicht zeigen darf, sondern es geht darum, hinter das Verhalten zu schauen und herauszufinden, welches Bedürfnis dahinter steckt. Wird dieses Bedürfnis erfüllt, hört das Beißen in der Situation üblicherweise schlagartig auf. Es gibt aber manchmal auch Situationen, in denen man einfach nicht dahinter steigt, warum sich der

Welpe gerade so verhält. Dann ist es am gescheitesten, sich (und vor allem auch eventuell im Haushalt lebende Kinder) zu entziehen und abzuwarten, bis der Sturm vorüber ist. Meistens ist das nach wenigen Minuten der Fall. Bei sehr kleinen Welpen reicht es oft schon, sich mit angezogenen Beinen auf einen Stuhl oder das Sofa zu setzen, so dass der Welpe einen nicht erreichen kann. Bei größeren Welpen haben sich Absperrgitter bewährt, hinter die man sich zurückziehen kann, ohne den Welpen komplett alleine zu lassen und damit eventuell Trennungsstress zu provozieren.

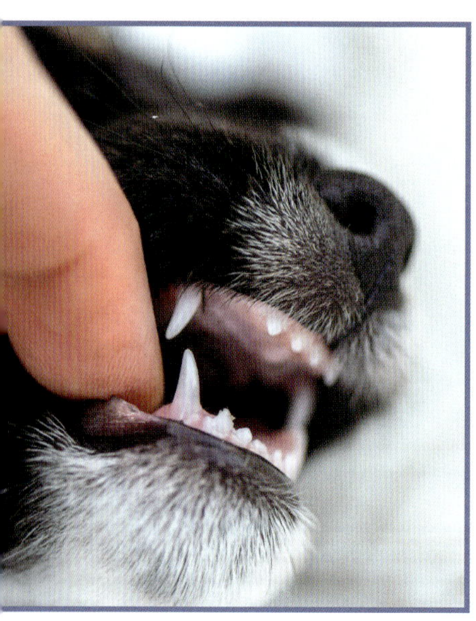

Die Natur hat es zu unserem Leidwesen so eingerichtet, dass die Milchzähne von Welpen besonders scharf und spitz sind und es dementsprechend richtig fies weh tut, wenn sie einen damit ungehemmt in die Knöchel, die Finger oder die Nase beißen. Wichtig zu wissen ist: Dieses Beißen wird immer weniger, je älter der Hund wird und irgendwann hört es quasi vollständig auf. Die Hunde benutzen dann immer noch ihre Schnauze, um ihre Umwelt zu erkunden und sie nutzen sie auch im Kontakt mit uns, aber das typische, anfallartige Welpenbeißen tritt ab einem gewissen Alter nicht mehr auf. Das ist keine Frage des Trainings, sondern eine Frage der Entwicklung des Hundes und des richtigen Umgangs mit diesem Verhalten. In diesem frühen Alter werden in solchen konfliktträchtigen Situationen die Weichen für die Bindung und die Beziehung zu Ihrem Hund gelegt. Es beeinflusst die Meinung Ihres Hundes über Sie immens, ob Sie ungehalten, grob und angsteinflößend auf ihn reagieren oder sich ruhig und sachlich um seine Bedürfnisse kümmern und sich schlimmstenfalls kurzzeitig seinem Zugriff entziehen. Aus einem Welpen, der normales Welpenbeißen zeigt, wird nicht automatisch ein bissiger Hund. Der Hintergrund des Welpenbeißens ist ein gänzlich anderer als der eines Hundes, der beißt, weil er sich oder eine ihm wichtige Ressource bedroht sieht.

Anders verhält es sich jedoch zum Beispiel dann, wenn es darum geht, dass der Welpe lernen soll, nicht nach einem Spielzeug oder einem anderen Gegenstand zu schnappen, den wir aufheben wollen. Die Regel „Wenn meine Hand nach einem Gegenstand greift, bleibt deine Schnauze auf Abstand.“, ist eine sehr sinnvolle und ich bringe sie den Welpen (aber auch Junghunden und erwachsenen Hunden, die das noch nicht gelernt haben) vom ersten Tag an bei.

Das Welpenbeißen ist ein gutes Beispiel dafür, warum gewisse Regeln einfach entwicklungsbedingt sinnlos sind. Ein weiteres Beispiel dafür ist das Erlangen der Stubenreinheit. Auch hier sage ich bewusst nicht das Erlernen der Stubenreinheit oder die Erziehung zur Stubenreinheit. Training kann den körperlichen Reifeprozess, dessen es bedarf, damit ein Welpe stubenrein wird, nicht beschleunigen. Ich kann also noch so sehr die Regel aufstellen, dass das Haus nicht als Toilette benutzt wird, der Welpe kann sich aufgrund seiner körperlichen Entwicklung gar nicht an diese Regel halten. Das einfache Ausführen gewisser grundlegender Maßnahmen

(den Welpen regelmäßig zum Lösen an den dafür vorgesehenen Platz bringen nach dem Essen, Spielen, Schlafen und immer dann, wenn er anfängt, intensiv am Boden zu schnuppern und sich dabei evtl. im Kreis zu drehen) und das Fortschreiten der körperlichen Reife wird bei einem gesunden Hund (es gibt einige wenige Ausnahmen, die unter anderem mit der Rassezugehörigkeit zusammenhängen können) mit nahezu hundertprozentiger Sicherheit dafür sorgen, dass der Welpe oder dann vielleicht auch schon Junghund in einem gewissen Alter stubenrein ist. Dieses Alter unterscheidet sich bei allen Hunden. Manchmal um wenige Tage, manchmal um mehrere Wochen. Aber stubenrein werden sie im Normalfall alle mehr oder weniger von alleine.

Unerwünschte und erwünschte Verhaltensweisen

Gehen wir weiter zu unerwünschten bzw. erwünschten Verhaltensweisen. Auch hier sollten Sie kritisch hinterfragen, welche Regeln wirklich sinnvoll sind und welche Sie nur glauben, aufstellen zu müssen, weil man das eben so macht, weil Sie es irgendwo gelesen oder gehört haben oder weil Sie Angst davor haben, wie Außenstehende reagieren könnten, wenn sie mitbekommen, dass Ihr Hund etwas darf, was andere Halter verbieten würden.

Ein Beispiel für eine Regel, deren Sinnhaftigkeit infrage gestellt werden darf, ist, dass ein Hund an jeder Bordsteinkante sitzen muss, bevor die Straße überquert wird. Argumentiert wird oft damit, dass der Hund dadurch lernt, die Straße erst nach Freigabe durch den Menschen zu überqueren, wenn es sicher ist und er das dann auch selbstständig tut, wenn er allein (?!) an eine Bordsteinkante gelangt.

Hunde sollten im Straßenverkehr durch eine Leine gesichert werden.

Mir stellen sich dabei folgende Fragen:

- Warum sollte der Hund jemals allein an eine Bordsteinkante gelangen?
- Warum ist ein Hund in der Nähe von Straßen nicht angeleint, so dass er gar nicht die Möglichkeit hat, die Straße ungehindert zu betreten?
- Wie oft müsste man dieses Verhalten üben und entsprechend verstärken, damit es vom Hund so weit generalisiert wird, dass er es unter allen Umständen zuverlässig zeigt, auch in Abwesenheit seiner Bezugsperson, und wer will das auf welche Weise überprüfen?
- Was passiert, wenn der Hund alt wird und das Sitzen an der Bordsteinkante nicht mehr ausführen kann, einfach weil der Bewegungsapparat es nicht mehr zulässt oder es ihm zumindest sehr viel Mühe macht?

Wenn ich diese Fragen für mich beantworte, dann komme ich zu dem Schluss, dass die Regel „Sitzen an jeder Bordsteinkante vor dem Überqueren der Straße“ für mich nicht sinnvoll ist.

Ein anderes Beispiel ist die Regel: „Der Hund geht immer erst nach mir aus der Tür.“ Diese Regel wird im Allgemeinen mit dem Führungsanspruch des Menschen begründet. Dass sämtliche Regeln, die für die Rudel-, Alpha- und Rangordnungsaspekte herangezogen werden, so nicht haltbar sind, habe ich weiter vorne bereits erklärt. Aber die Regel selbst kann durchaus sinnvoll sein. Zum Beispiel dann, wenn ich einen Hund habe, der ängstlich oder aggressiv reagiert, wenn er direkt vor der Türe mit Menschen oder anderen Hunden konfrontiert wird. Sie kann auch dann sinnvoll sein, wenn ich in einem Mehrfamilienhaus wohne und damit rechnen muss, dass jemand im Treppenhaus genau vor meiner Wohnungstüre steht, wenn ich sie öffne. Oder dann, wenn meine Haustür direkt auf einen belebten Bürgersteig hinausgeht und es passieren kann, dass ein Kind auf seinem Roller vorbeisaust in just dem Moment, in dem mein Hund über die Schwelle tritt. Es gibt also viele gute Gründe, warum man einem Hund beibringen sollte, dass er auf Signal hinter einem bleibt und dort in einer Position seiner Wahl (sitzend, stehend oder liegend) wartet, bis wir ihm Bescheid geben, dass es jetzt sicher ist, aus der Tür zu treten. Wichtig ist in diesem Zusammenhang das „auf Signal“. Das erlöst uns nämlich aus dem Dilemma „der Hund muss immer …“ Wenn

ich ein Verhalten auf Signal trainiere, dann ist es meine Verantwortung, das so gut zu tun, dass der Hund es auch tatsächlich immer schaffen kann, wenn er das Signal dazu bekommt. Der Hund muss also erst mal gar nichts, sondern ich bin in der Pflicht. Dazu gehört unbedingt das Wissen, wie kleinschrittiges, belohnungsbasiertes Training funktioniert und dazu kommen wir im folgenden Teil des Buches.

Persönliche Toleranzgrenzen

Ein letzter Aspekt, den man beim Aufstellen von Regeln betrachten kann, sind persönliche Toleranzgrenzen. Die liegen bei jedem Menschen irgendwie anders und deshalb ist es wichtig, dass jedes Mensch-Hund-Gespann die Regeln findet, die für das Zusammenleben dieses individuellen Gespanns notwendig und sinnvoll sind. Ich lebe mit meinem Mann und unseren Hunden im Wald. Das nächste Dorf ist eineinhalb Kilometer entfernt, genauso wie die nächste öffentliche Straße. Damit es bei uns beim Verlassen des Hauses und dem Spaziergang stressfrei zugeht, sind sicherlich andere Regeln sinnvoll als bei jemandem, der mit seinem Hund in der Münchner Innenstadt lebt. Als ich noch in der Stadt gelebt habe, habe ich wesentlich mehr mit meinen Hunden trainiert, als das heute der Fall ist. Und auch innerhalb des Hauses

muss jeder sein eigenes Regelwerk finden. Maya und Hermine sind beispielsweise Hunde, die in drei Dimensionen leben. Ähnlich wie Katzen laufen beide gerne mal auf der Eckbank oder gar dem Esstisch herum, wobei Hermine allem die Krone aufsetzt und sogar Fensterbretter erklimmt, um hinauszusehen oder es sich auf dem Couchtisch gemütlich macht und dort ein Schläfchen hält. Nun höre ich schon den Aufschrei: „Das kannst du denen nicht durchgehen lassen!" Doch. Kann ich. Unser Haus, unsere Regeln. Uns stört es schlicht und ergreifend nicht, dass die beiden das tun. Was wir nicht möchten, ist, dass die Hunde auf dem Tisch herumlaufen oder liegen, wenn wir essen. Genau das haben wir auch trainiert. Sowohl Hermine als auch Maya liegen oder sitzen, während wir essen, irgendwo, manchmal auf der Eckbank, manchmal auf einem Stuhl neben uns und warten

Nicht jeder möchte den Hund mit am Tisch sitzen haben, aber das ist immer eine individuelle Entscheidung.

dort geduldig, ob etwas für sie abfällt. Manchmal warten sie auch nicht, sondern liegen ganz entspannt und dösen vor sich hin. Das ist von Tag zu Tag unterschiedlich und hängt sehr wohl auch ein wenig davon ab, was auf den Tisch kommt. Das Interesse ist bei Nudeln mit Gemüse deutlich anders, als wenn Steaks auf dem Teller liegen. Natürlich ist es genauso völlig in Ordnung, wenn jemand sagt: „Nee, das geht gar nicht. Wenn ich esse, möchte ich nicht von meinem Hund gestört werden, er soll auf seinem Platz liegen und sich vom Tisch fernhalten." Wenn diese Regel notwendig ist, um die eigenen Grenzen zu wahren, dann ist es eine sinnvolle Regel und man kann dem Hund über belohnungsbasiertes Training selbstverständlich beibringen, sich an sie zu halten.

Weitere Beispiele für persönliche Toleranzgrenzen sind, ob ein Hund auf die Couch oder ins Bett darf, ob ich ihm erlauben will, Pferde-, Schafs- oder anderweitige Hinterlassenschaften zu vertilgen (hier spielen gegebenenfalls auch gesundheitliche Aspekte eine Rolle, die beachtet werden müssen), ob ein Hund gewisse Räume, wie zum Beispiel Bad oder Küche, betreten darf oder ob ein Hund mit Schlammpfoten einfach ins Haus rennen oder ins Auto hüpfen darf. Ich dachte übrigens immer, ich sei sehr tolerant, wenn es darum geht, dass meine Hunde irgendwelche Hinterlassenschaften fressen. Wie sich herausstellte, bin ich das ganz und gar nicht, wenn diese Hinterlassenschaften menschlicher Natur sind. Da ist meine persönliche Ekelgrenze erreicht. Bestimmt fallen Ihnen noch viele weitere Beispiele ein, denn wie gesagt, es geht um die persönlichen Toleranzgrenzen. Wann immer Sie eine entdecken, nehmen Sie sich einen Moment Zeit darüber nachzudenken, wie wichtig Ihnen die Einhaltung dieser Grenze ist, und überlegen Sie sich dann, wie Sie sie Ihrem Hund so fair und freundlich wie möglich vermitteln können. Wie bereits erwähnt, werde ich im folgenden Teil genauer auf dieses Thema eingehen. Wichtig ist: Sie müssen nicht alles selber können. Natürlich ist es toll, wenn Sie sich informieren und viel über Training wissen. Aber wenn Sie feststecken, dann nutzen Sie die Möglichkeit, sich Hilfe bei einem Verhaltensberater zu holen, der mit Ihnen gemeinsam Lösungen findet, die genau auf Sie, Ihren Hund und Ihre spezielle Situation zugeschnitten sind.

Um dieses Kapitel abzuschließen, möchte ich noch einmal darauf hinweisen: Auch wenn wir noch so nett und positiv trai-

nieren, wir sollten uns immer darüber im Klaren sein, dass wir damit Macht über ein anderes Lebewesen ausüben, das vollkommen abhängig von uns ist. Wir verändern sein Verhalten nach unseren Wünschen, wir manipulieren es. Aus meiner Sicht sind wir es unseren Hunden deshalb schuldig, uns gut zu überlegen, ob gewisse Dinge überhaupt trainiert werden müssen, welche Dinge wir mit ihnen trainieren und auf welche Art wir das tun. Ich für meinen Teil möchte meinen Hunden, so oft es nur geht, ihren eigenen Willen und eine echte Wahl lassen. Wir dürfen uns immer fragen, ob das Wählen zwischen zwei von uns künstlich antrainierten Verhaltensweisen wirklich eine echte Wahl darstellt und wenn nicht, ob die Wahl im Sinne des Hundes und deshalb völlig in Ordnung ist.

Training und Umgang

Grundlegendes zum Thema Lernen

Zu Beginn dieses zweiten Teils des Buches möchte ich Ihnen einen kurzen Überblick darüber geben, wie Lernen überhaupt funktioniert. Denn das ist die Grundlage dafür, Ihrem Hund all die Dinge beizubringen, die er braucht, um in unserer Welt gut zurechtzukommen, und die Ihnen für ein entspanntes Zusammenleben mit ihm wichtig sind.

Um zu verstehen, auf welchen Prinzipien das belohnungsbasierte Training beruht, müssen wir uns ein wenig mit Lernformen und Lerngesetzen beschäftigen. Das Wort „Gesetz" deutet es dabei schon an: So und nicht anders. Die Lerngesetze gelten für jedes Wirbeltier, niemand kann sich dazu entscheiden, sich den Lerngesetzen zu widersetzen. Das wäre so, als würde man beschließen, dass die Schwerkraft für einen selbst nicht gilt. Wünschen kann man sich das zwar, es ändert aber nichts an der Tatsache, dass die Schwerkraft nun einmal existiert und uns alle fest im Griff hat. Ich möchte dabei gar nicht allzu tief in die Materie einsteigen, denn hinsichtlich des Lernverhaltens von Tieren gibt es bereits zahlreiche Veröffentlichungen, auf die Sie zurückgreifen können. In der Liste am Ende des Buches finden Sie die, die ich persönlich am hilfreichsten finde.

Lernformen

Gewöhnung und Sensibilisierung

Im Zusammenleben mit dem Hund spielen vor allem Gewöhnung (Habituation) und Sensibilisierung (Sensitivierung), klassische und operante Konditionierung sowie soziales Lernen[13] eine große Rolle.

Ein Hund, der Angst vor dem Staubsauger hat, wenn dieser zum ersten Mal angestellt wird, dann im Laufe der Zeit aber die Erfahrung macht, dass dieses seltsame laute Ding ihm gar nichts tut und schlicht keine Relevanz für sein Leben hat, durchläuft den Prozess der Gewöhnung. Ein Hund, der sich durch ein Knallgeräusch erschreckt und daraufhin auf immer mehr Geräusche in immer niedrigeren Intensitäten mit Angstverhalten reagiert, wird sensibilisiert. Beide Prozesse laufen völlig ohne unser Zutun ab, und ob ein Hund sich an einen Reiz gewöhnt oder ob er immer sensibler darauf reagiert, ist vollkommen individuell und von vielen verschiedenen Faktoren abhängig. Wir können jedoch die Wahrscheinlichkeit erhöhen, dass unser Hund sich an Dinge gewöhnt, wenn wir ihn in Situationen unterstützen, die ihn

13 Huber, L., Popovová, N., Riener, S. et al., Would dogs copy irrelevant actions from their human caregiver?, Learn Behav 46, 387–397 (2018). https://doi.org/10.3758/s13420-018-0336-z

ängstigen oder beunruhigen. Die Möglichkeiten dazu sind vielfältig: Klassische und operante Konditionierung kommen infrage genauso wie soziale Unterstützung auf der Beziehungsebene. Und ganz wichtig: Es geht dabei nicht um ein Entweder-oder, sondern alle Möglichkeiten können nebeneinander genutzt werden, je nachdem wie die Situation es erfordert und was gerade am besten geeignet erscheint.

Klassische Konditionierung

Klassische Konditionierung ist die einfache Verknüpfung zweier Ereignisse. Diese Lernform begleitet jeden Hund und jeden Menschen immerzu, man kann nicht nicht konditionieren. Ein einfaches Beispiel ist die Türklingel. Hört ein Hund zum ersten Mal in seinem Leben die Türklingel, so hat dieses Geräusch zunächst keine Bedeutung für ihn. Geht aber jedes Mal nach diesem Geräusch die Bezugsperson zur Tür, öffnet diese und lässt einen Besucher herein, so lernt der Hund, dass die Türklingel einen Besucher ankündigt. Der Besuch wiederum löst beim Hund eine Verhaltensreaktion aus. Der eine Hund freut sich riesig, fängt an zu bellen, rennt zur Tür und springt wild herum, der andere Hund hat vielleicht Angst vor dem Besucher und versteckt sich unter dem Sofa. Nach nur wenigen Wiederholungen kann allein das Geräusch der Türklingel die Verhaltensreaktion auslösen, selbst wenn gar kein Besucher hereinkommt.

Operante Konditionierung

Bei der operanten Konditionierung lernt der Hund, dass er durch sein Verhalten steuern kann, was als Nächstes passiert. Das einfachste Beispiel ist wohl ein Hund, der lernt, sich vor seinen Menschen hinzusetzen, weil er dafür jedes Mal belohnt wird. Sei es, dass er ein Stückchen Futter bekommt, ein nettes Lächeln und ein Lob oder Streicheleinheiten, die er genießt.

Die operante Konditionierung ist dementsprechend auch die Lernform, die wir uns zunutze machen, wenn wir unserem Hund bestimmte Verhaltensweisen beibringen, die er in bestimmten Situationen oder auf bestimmte Signale hin zeigen soll.

Konsequenzen: Verstärkung oder Strafe

Grundsätzlich können auf ein Verhalten im Rahmen der operanten Konditionierung zwei unterschiedliche Arten von Konsequenz erfolgen: Verstärkung oder Strafe. Folgt auf ein Verhalten ein Verstärker, wird der Hund das Verhalten künftig öfter, schneller und/ oder intensiver zeigen. Strafe hat zum Ziel, dass ein Hund ein Verhalten künftig gar nicht mehr zeigt.

Innerhalb von Verstärkung und Strafe wird dann noch unterschieden, ob es sich um einen positiven oder negativen Verstärker handelt bzw. eine positive oder negative Strafe. Positiv und negativ sind dabei im mathematischen Sinn zu verstehen, also wir geben etwas dazu (positiv) oder wir nehmen etwas weg (negativ).

Positive Verstärkung
= die Situation verbessert sich für den Hund, weil etwas Angenehmes hinzugefügt wird, deshalb wird er das aktuelle Verhalten künftig öfter zeigen. Bestens geeignet, um erwünschte Verhaltensweisen zu trainieren, wie z. B. beim Begrüßen von Menschen die Pfoten auf dem Boden zu lassen, anstatt zu springen. Verstärker können alles sein, was der Hund gerne mag oder macht: Futter, Spiel, freundliches Lob, Zuwendung, Umweltbelohnungen etc.

Negative Verstärkung
= die Situation verbessert sich für den Hund, weil etwas Unangenehmes entfernt wird, deshalb wird er das aktuelle Verhalten künftig öfter zeigen. Gut geeignet, um Hunden unangenehme Prozeduren leichter zu machen (z. B. beim Medical Training) und um an bestehenden Ängsten zu trainieren. Als Verstärker wirkt hier die Erleichterung. Deshalb ist negative Verstärkung nur dann sinnvoll, wenn es darum geht, dem Hund zu helfen, unangenehme oder ängstigende Situationen zu bewältigen. Sie ist nicht geeignet, um dem Hund „Sitz, Platz, Fuß“ beizubringen!

Negative Strafe
= die Situation verschlechtert sich für den Hund, weil etwas Angenehmes entzogen wird, deshalb wird er das aktuelle Verhalten künftig seltener zeigen. Immer mit im Spiel, wenn der Hund unerwünschtes Verhalten zeigt und damit nicht zum Erfolg kommt, z. B. wenn er seinen Menschen anspringt, der Mensch sich wegdreht und dem Hund die Aufmerksamkeit entzieht. Strafend wirken hier Frust, Enttäuschung und Ärger. Deshalb sollte man grundsätzlich darauf achten, den Hund erst gar nicht unerwünschtes Verhalten zeigen zu lassen, indem man ihn rechtzeitig für erwünschtes Verhalten belohnt! Negative Strafe sollte nicht gezielt zur Verhaltensänderung genutzt werden, sondern nur als Teil der Reaktion auf eine aktuelle Situation, die sich im Alltag mit dem Hund manchmal nicht vermeiden lässt.

Positive Strafe
= die Situation verschlechtert sich für den Hund, weil etwas Unangenehmes hinzugefügt wird, deshalb wird er das aktuelle Verhalten künftig seltener zeigen. Hat im belohnungsbasierten Training und beim bedürfnisorientierten Umgang grundsätzlich keinen Platz, weil sie über das Erzeugen von Angst und/ oder Schmerz funktioniert. Leinenruck, Schlagen, Kneifen, Treten, körpersprachliches Bedrohen, Anschreien und jegliche Form von aversiven Einwirkungen sind im Training und Umgang mit Hunden niemals in Ordnung. Positive Strafe verhindert den Bindungs- und Vertrauensaufbau und schädigt die Beziehung zum Hund nachhaltig!

Im Alltag mit dem Hund sind die Grenzen zwischen den Konsequenzen oft fließend. Aber wir können entscheiden, ob wir belohnungsbasiert, also über die Verstärkung erwünschter Verhaltensweisen mit unserem Hund trainieren wollen oder ob wir unerwünschtes Verhalten durch Strafe hemmen wollen. Der gezielte Einsatz von Strafe zur Verhaltensänderung ist niemals bedürfnisorientiert. Der gezielte Einsatz von positiver Strafe ist tierschutzrelevant.

Dieses Konzept zu verstehen ist wirklich wichtig, denn nur wenn Sie in der Lage sind festzustellen, welche Konsequenz gerade hauptsächlich auf das Verhalten Ihres Hundes wirkt, können Sie sein Verhalten so beeinflussen, dass er wirklich das lernt, was Sie sich wünschen. Ein einfaches Beispiel aus dem Alltag soll Ihnen dabei helfen: Viele Hunde springen Menschen bei der Begrüßung an. Dieses Verhalten ist hundliches Normalverhalten und steht immer im Zusammenhang mit einer hohen Erregungslage. Es gibt unterschiedliche Gründe, warum Hunde Menschen anspringen, aber in diesem Beispiel gehe ich davon aus, dass der springende Hund sich einfach sehr freut und aufgeregt ist. Durch das Springen kann der Hund seine Aufregung loswerden und das ist selbstbelohnend. Wenn der Mensch den Hund dann begrüßt, bekommt er noch dazu Aufmerksamkeit und so lernt der Hund, dass Anspringen offenbar eine gute Art ist seine Menschen zu begrüßen. Das Anspringen ist aber aus vielerlei Gründen etwas, was die meisten Menschen stört und das der Hund unterlassen soll. Will man einem Hund also beibringen, Menschen nicht anzuspringen, dann haben wir mit der operanten Konditionierung vier unterschiedliche Möglichkeiten, die ich im Folgenden erklären werde.

Wichtig: Dieses Beispiel dient einzig und alleine dazu, das Konzept der Konsequenzen verständlich zu machen und ist keine Trainingsanleitung. Da Anspringen immer mit einer hohen Erregung einhergeht, gehört zu einem vernünftigen Training von Begrüßungssituationen immer eine genaue Analyse der Situation sowie das Fördern von Ruhe und Gelassenheit im Allgemeinen.

Verstärkung

Positive Verstärkung: Jedes Mal BEVOR der Hund springt, alle vier Pfoten also noch auf dem Boden sind, bekommt er etwas, was er gerne mag. Da es beim Anspringen meistens um Aufmerksamkeit und Zuwendung geht, wäre der optimale Verstärker in diesem Fall für die meisten Hunde vermutlich genau das: Der Mensch wendet sich dem Hund zu, begrüßt ihn und spricht freundlich mit ihm. Da die meisten Hunde auch gerne fressen, kann ein Stück Futter Teil der Belohnung sein. Der eigentliche Verstärker für das Verhalten „Pfoten auf dem Boden lassen, wenn du einen Menschen begrüßen möchtest" ist aber die Aufmerksamkeit und Zuwendung des Menschen, die der Situation hinzugefügt werden. Der Hund wird also in Begrüßungssituationen künftig immer öfter mit allen Vieren auf dem Boden bleiben, weil dieses Verhalten ihm genau das einbringt, was er zuvor mit dem Anspringen bezweckt hat.

Positive Verstärkung erfordert ein klares Bild von dem Verhalten, das der Hund statt des unerwünschten Verhaltens zeigen soll, sie erfordert vorausschauendes Handeln und nicht zuletzt ein Verständnis dafür, welches Bedürfnis hinter dem Verhalten des Hundes steht, das verändert werden soll.

Das hinter dem Verhalten stehende Bedürfnis bestimmt, was als Verstärker auf ein Verhalten wirken kann und was nicht. Haben wir es im oben genannten Beispiel mit einem Hund zu tun, der nicht gerne angefasst und gestreichelt wird, dann wird das Verhalten „Pfoten auf dem Boden lassen“ dadurch nicht verstärkt werden. Das Training wird nicht funktionieren. Auf die Wahl passender Verstärker gehe ich später noch genauer ein. Die Bedürfnisbefriedigung ist ein zentrales Element, wenn es um belohnungsbasiertes Training und bedürfnisorientierten Umgang mit dem Hund geht! Wenn der Hund in der Lage ist, sich durch sein Verhalten in Kooperation mit seinem Menschen Bedürfnisse zu erfüllen, dann wirkt sich das direkt auf Bindung und Beziehung aus. Der Mensch wird zu einer zuverlässigen Quelle guter Gefühle für den Hund. Und in wessen Gegenwart man sich wohlfühlt, mit dem verbringt man gerne Zeit, an dem orientiert man sich.

Nichtsdestotrotz ist auch beim Einsatz der positiven Verstärkung Achtsamkeit gefragt! Dieser Punkt ist mir sehr wichtig und deshalb wiederhole ich ihn hier ein weiteres Mal: Wir greifen mit jeglichem Training direkt in das Gehirn des Hundes ein und wir haben die Macht, es so weit zu treiben, dass der Hund regelrecht abhängig von unserem Feedback in Form von Verstärkern wird. Ich habe erlebt, wie nahezu jedes Verhalten, das ein Hund zeigen kann, benannt wird, um es dann gezielt als Verstärker, als sogenannte Umweltbelohnung, einsetzen zu können. Zum Beispiel kann man das Verhalten „Buddeln“ auf Signal setzen und dem Hund mit dem entsprechenden Signal die Freigabe für das Verhalten geben, wenn er sich wunschgemäß verhält. Das ist einerseits gut, weil wir somit aktuelle Bedürfnisse des Hundes im Training berücksichtigen können. **Wenn der Hund Bedürfnisse aber nur noch in Abhängigkeit von zuvor gezeigtem Verhalten nach Gutdünken seiner Bezugsperson befriedigen darf, dann geht das gegen alles, was für mich eine respektvolle, gleichwürdige Beziehung ausmacht. Natürlich geht es hierbei nicht um schwarz oder weiß. Es geht nicht darum, dass „positive Verstärkung“ nicht gut ist, ganz und gar nicht. Wie bei allem ist es eine Frage der Dosis. Und ja, eine zu hohe Dosis der Verhaltensmanipulation ist Gift für mein Bild von Respekt innerhalb einer Beziehung, auch wenn diese Manipulation mit den besten Absichten und auf freundliche Art und Weise geschieht.**

Negative Verstärkung: Negative Verstärkung bedeutet, dass ein Hund ein Verhalten schneller, intensiver oder häufiger zeigt, weil er dadurch erreichen kann, dass etwas Unangenehmes endet. Wollte man einem Hund das Anspringen durch die Anwendung negativer Verstärkung abgewöhnen, müsste man ihn zum Beispiel durch Festhalten daran hindern zu springen. Würde der

Hund dann aufhören zu springen, ließe man los und der Hund würde lernen, dass die unangenehme Bewegungseinschränkung erst dann endet, wenn er mit allen vier Pfoten auf dem Boden bleibt. In der Folge würde er immer schneller still halten, wenn man ihn festhält. Abgesehen davon, dass dieser Ansatz nur schwer umzusetzen ist, ohne dass der Hund zu Anfang trotzdem springt und damit das unerwünschte Verhalten zeigt, sorgt er nicht dafür, dass der Hund sich dabei wohlfühlt. Und wie es schon mehrfach angedeutet wurde und im weiteren Verlauf sicher noch klarer wird, ist der Wohlfühlfaktor ganz entscheidend, wenn Sie einen gut erzogenen Hund haben möchten.

Der negativen Verstärkung fällt allerdings eine Sonderrolle zu und zwar immer dann, wenn die unangenehme Empfindung für den Hund durch die Umwelt oder eine nicht vermeidbare Einwirkung unsererseits entsteht. In Bezug auf die Lösung von (Umwelt-)Ängsten und auch beim Training von Prozeduren in Zusammenhang mit medizinischer Behandlung oder auch Körperpflege, wie beispielsweise dem Kürzen der Krallen, ist die negative Verstärkung nämlich unser großer Verbündeter. Wir können nicht immer verhindern, dass unser Hund in Situationen gerät, die ihm unangenehm sind. Mit Hilfe der negativen Verstärkung können wir unserem Hund unangenehme Situationen aber Schritt für Schritt erleichtern.

Ich möchte dies anhand von zwei Beispielen verdeutlichen: Wenn wir unseren Hund festhalten müssen, etwa weil ihm Blut abgenommen werden muss, dann ist das in der Regel unangenehm für ihn, und wenn es dann auch noch piekst, wird es noch unangenehmer. Wir können dem Hund aber durch Training zumindest das Festgehaltenwerden erleichtern, indem wir positive und negative Verstärkung kombinieren: Der Hund

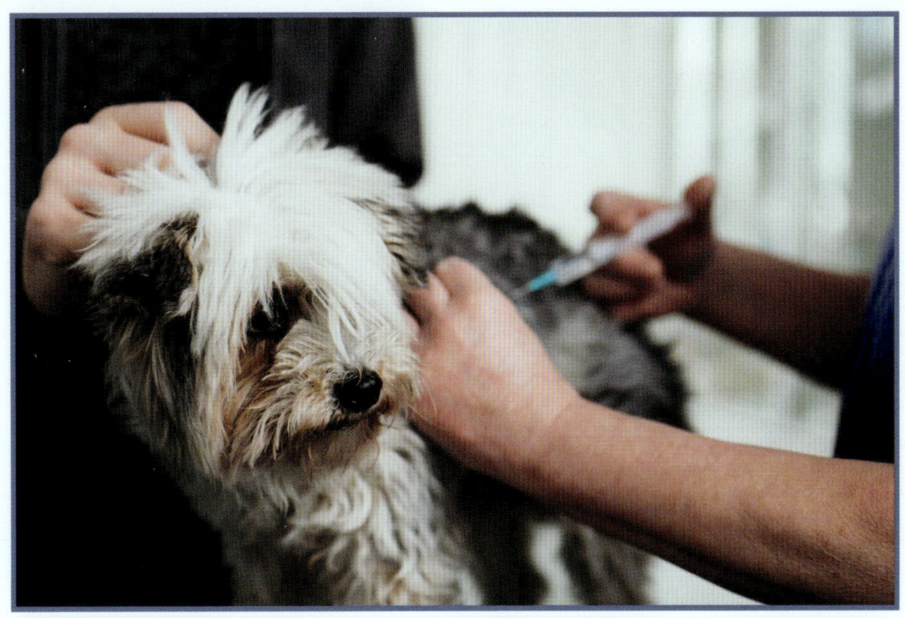

wird festgehalten, nach einem kurzen Moment ertönt das Markersignal, der Hund bekommt – während er weiter festgehalten wird – ein Stückchen Futter, und wenn er dieses heruntergeschluckt hat, wird er wieder losgelassen. Das Stückchen Futter soll den Zustand des Festgehaltenwerdens etwas angenehmer machen, wir fügen der Situation etwas Angenehmes hinzu, also positive Verstärkung. Das Losgelassenwerden ist der negative Verstärker, wir nehmen das Unangenehme wieder weg. So kann der Hund, kleinschrittiges Training vorausgesetzt, nach und nach lernen, sich über immer längere Zeit festhalten zu lassen, ohne dabei in Stress oder Angst zu geraten.

Beim Tierarzt ist es nicht zu verhindern, den Hund zu halten, auch wenn ihm die Prozedur unangenehm ist.

Ein weiterer Einsatzbereich für die negative Verstärkung wäre eine Situation, wie sie mit Junghunden immer wieder auftritt: Heute steht an der Straßenecke eine Mülltonne, die da gestern noch nicht stand und der junge Hund weigert sich, auch nur

Bieten Sie Ihrem jungen Hund Rückhalt, wenn er sich fürchtet und helfen Sie ihm, die Situation zu meistern.

einen Schritt weiter auf dieses vermeintliche Monster zuzugehen. Wenn wir dem Hund nun signalisieren, dass er mit uns gemeinsam die Distanz zur Mülltonne wieder vergrößern kann, wirkt negative Verstärkung und zwar auf die zuvor stattgefundene Annäherung an die Mülltonne. Bis zu einem gewissen Punkt ist der Hund ja auf die Mülltonne zugelaufen, bis er dann die Bremse gezogen hat. Er wird Erleichterung verspüren, wenn er sich wieder entfernen und damit in Sicherheit bringen kann und das können wir gezielt nutzen, um ihm dabei zu helfen, die Situation zu bewältigen. Wir nähern uns also wieder der Mülltonne an, machen dem Hund stimmlich und durch unsere eigene Haltung Mut, sich ein bisschen näher heranzutrauen, und um diese Tapferkeit zu honorieren, gehen wir gemeinsam wieder ein Stück weg. Dieses sogenannte Pendeltraining funktioniert in den meisten Fällen erstaunlich schnell, der Hund traut sich mit jedem neuen Anlauf ein Stückchen näher heran und macht so die Erfahrung, dass er die Situation bewältigen kann. **Wichtig ist es dabei natürlich, nicht über die Grenzen des Hundes zu gehen und ihn keinesfalls zu zwingen, näher heranzugehen, als er sich mit ein bisschen freundlicher Unterstützung von uns traut.** Da in solchen Situationen ein gewisses Maß an Erfahrung und auch eine gute Kenntnis der Körpersprache des Hundes, besonders im Hinblick auf Stress- und Konfliktsignale erforderlich ist, sollte bei der Bearbeitung von Ängsten im Zweifelsfall immer ein entsprechend qualifizierter Verhaltensberater hinzugezogen werden.

Strafe

Damit kommen wir zur Strafseite der operanten Konditionierung. Strafe hat immer zum Ziel, ein bestehendes Verhalten zu hemmen oder zu unterdrücken, so dass es am besten überhaupt nicht mehr auftritt.

Negative Strafe: Wenn wir negative Strafe anwenden, nehmen wir dem Hund etwas weg, das er haben will, wenn er unerwünschtes Verhalten zeigt. In Bezug auf das Anspringen könnte das so aussehen, dass sich der angesprungene Mensch abwendet oder gar den Raum verlässt und die Tür hinter sich schließt und dem Hund damit die Chance auf Aufmerksamkeit und Zuwendung entzieht. Wenn der Hund diese Konsequenz als ausreichend unerfreulich empfindet, dann kann es gut sein, dass das Anspringen mit der Zeit weniger wird, weil der Hund eben lernt, dass dieses Verhalten nur dazu führt, dass ihm die Aufmerksamkeit des Menschen entzogen wird. Das Dumme an dieser Vorgehensweise ist, dass sie großes Potential für Frustration in sich trägt. Ein Hund, der Begrü-

Die Enttäuschung ist groß, wenn man nicht bekommt, was man möchte.

ßungsverhalten zeigt und dafür mit Ignoranz abgestraft wird – sein hundliches Normalverhalten also nicht zum Erfolg führt –, erlebt Frust. Frust jedoch ist ein Garant dafür, dass der Erregungslevel des Hundes ansteigt, was sich wiederum in noch stärkerem Springen äußern kann. Möglicherweise fängt der Hund sogar noch an zu bellen, und da Frustration einer der Hauptauslöser für aggressives Verhalten ist, kann es im schlimmsten Fall so weit kommen, dass er zudem auch noch anfängt beim Springen, je nach Körpergröße, in die Beine oder Arme des Menschen zu zwicken. Durch dieses Vorgehen wird der Weg geebnet für den Einsatz positiver Strafe. Denn was machen Menschen, wenn sie glauben, sich wehren zu müssen? In der Regel werden sie grob. Alles in allem spitzt sich die Situation immer mehr zu und aus einem einfachen Anspringen wird schnell eine wirkliche Konfliktsituation. Wohlgemerkt eine komplett menschengemachte Konfliktsituation.

Positive Strafe: Als Folge nicht funktionierender negativer Strafe oder weil man dem Hund gleich ganz deutlich aufzeigen will, dass man „so ein Verhalten" – ich möchte nochmal darauf hinweisen: Anspringen zur Begrüßung ist hundliches Normalverhalten! – nicht duldet, kommt häufig positive Strafe zum Einsatz. Menschen mit Hunden, die zur Begrüßung anspringen, wird oft geraten, dem Hund mit voller Wucht das Knie vor die Brust zu rammen und somit Schreck und Schmerz zuzufügen, wenn er springt. Ist diese Aktion heftig genug, dann lässt der Hund ab und er wird den Menschen, der ihm eine vor den Latz geknallt hat, mit ziemlicher Sicherheit nicht mehr anspringen. Wirklich zuverlässig sagen, ob die Strafe im definierten Sinne gewirkt hat, kann man erst dann, wenn der Hund gestorben ist und den betreffenden Menschen in seiner Lebenszeit nie wieder angesprungen hat. War der Stoß vor die Brust jedoch nicht heftig genug, dann wird der Hund wieder springen und der nächste Stoß muss um einiges heftiger ausfallen als der vorhergehende, um Wirkung zu zeigen. Wie weit möchte man gehen bei einem schmerztoleranten Hund oder einem Hund, dem das Bedürfnis nach Aufmerksamkeit so wichtig ist, dass er auch Schmerzen dafür in Kauf nimmt? Und was noch dazu kommt: Nur weil der Hund diesen einen Menschen nicht mehr anspringt, weil er weiß, dass das wehtun wird, heißt das noch lange nicht, dass er auch niemand anderen anspringen wird. Dazu müsste der Hund generalisieren, dass Anspringen grundsätzlich wehtut, und wann immer er erlebt, dass das nicht jedes Mal so ist, wird er das Verhalten „Anspringen" weiterhin zeigen, wenn er es als „sicher" einstuft. Weiterhin geht man bei diesem Vorgehen das Risiko ein, dass der Hund zu der Person, die ihm für normales und freundliches (!) Begrüßungsverhalten Schmerzen zufügt, Misstrauen und möglicherweise sogar Meide- oder Abwehrverhalten aufbaut.

Für diesen Hund scheint das Herankommen nicht erstrebenswert zu sein.

Ausschließlich positiv trainieren

Im Zusammenhang mit den Konsequenzen, die Sie auf ein Verhalten folgen lassen können, um es zu verändern, ist es wichtig, dass Ihnen klar wird, dass Sie nicht ausschließlich über positive Verstärkung trainieren können. Ob es uns gefällt oder nicht: Es sind in nahezu jeder Situation alle vier möglichen Konsequenzen mit an Bord und die Übergänge sind fließend. Wenn Sie Ihrem Hund etwas nicht geben, was er haben möchte oder erwartet, kann das als negative Strafe wirken, zum Beispiel wenn Ihr Hund von Ihnen keine Futterbelohnung bekommt, weil er auf das Signal für den Rückruf nicht schnell genug zu Ihnen gekommen ist. Die Folge wäre, dass Ihr Hund künftig noch langsamer oder vielleicht sogar gar nicht mehr kommt, wenn er das Rückrufsignal wahrnimmt. Das hängt davon ab, wie wichtig ihm in der entsprechenden Situation die Futterbelohnung ist und wie stark die Frustration ist, die er erlebt, wenn sie ausbleibt. Was als Verstärker oder Strafe empfunden wird, entscheidet der Empfänger, nicht der, der das eine oder andere austeilt.

Immer dann, wenn Sie etwas beenden, womit Ihr Hund gerade beschäftigt ist und woran er Spaß hat, wirkt Strafe. Auch hier ist der Rückruf wieder ein gutes Beispiel: Wenn Sie Ihren Hund immer anleinen, wenn Sie ihn zu sich rufen, dann können Sie ihn noch so oft für den Rückruf mit Futter belohnen. Wenn Ihrem Hund der Freilauf wichtig ist, dann wird er irgendwann immer schlechter oder gar nicht mehr auf den Rückruf reagieren, weil es sich aus seiner Sicht nicht lohnt, zurückzukommen. Er wird jedes Mal mit dem Entzug der Freilaufmöglichkeit bestraft. Ob hier nun negative Strafe wirkt, weil Sie etwas Angenehmes, nämlich den Freilauf, entziehen oder ob es sich um positive Strafe handelt, weil Sie der Situation etwas Unangenehmes hinzufügen, nämlich die Einschränkung durch die Leine – diese Frage könnte uns nur der Hund beantworten. Lassen Sie Ihren Hund etwas später dann wieder von der Leine, so kann das als negativer Verstärker auf sein in dem Moment gezeigtes Verhalten wirken: Ihr Hund zieht gerade an der Leine, Sie leinen ihn ab, der unangenehme Zug an seinem Körper verschwindet und er fühlt sich besser. Passiert das

Wenn das Anleinen immer ein Spiel beendet, ist die Motivation heranzukommen nicht besonders groß.

häufig genug, wird Ihr Hund lernen, dass es sich lohnt, an der Leine zu ziehen. Und das ist mit ziemlicher Sicherheit nicht das, was Sie beabsichtigt hatten.

Je besser Sie das Prinzip der operanten Konditionierung verstehen, umso erfolgreicher können Sie trainieren. Wenn ein Hund nicht das macht, was er soll, dann liegt das meistens daran, dass wir ihm genau das beigebracht haben. Die Verantwortung dafür, dass der Hund das Richtige lernt, liegt bei uns, niemals beim Hund.

Strafbasiertes Training

Strafbasiertes Training ist das Gegenteil von belohnungsbasiertem Training, und um den Unterschied deutlich zu machen, erkläre ich im Folgenden, was strafbasiertes Training für mich bedeutet. Verfolgt man im Zusammenleben mit dem Hund den strafbasierten Ansatz, dann werden dessen „Fehler", unerwünschte Verhaltensweisen oder „Regelverstöße" geahndet. Durch den Einsatz von Strafe sollen die Fehler, unerwünschten Verhaltensweisen oder Regelverstöße weniger häufig oder am besten gar nicht mehr auftreten. Das schließt nicht aus, dass der Hund für erwünschtes Verhalten gelobt oder auch mit Leckerchen oder Spiel belohnt wird. Ich habe live erlebt, wie ein Hundehalter seinen Hund mit Clicker und Futter für das (aus seiner Sicht) richtige Verhalten belohnt und mit einem Leinenruck am Stachelhalsband für Fehler bestraft hat. Zuckerbrot und Peitsche lautete die Devise. Das Training über Strafe funktioniert, wenn es – wie auch das Training über Verstärkung – korrekt durchgeführt wird. Dass es gravierende Nebenwirkungen hat, steht auf einem anderen Blatt Papier und ich möchte hier nicht weiter darauf eingehen. Es gibt inzwischen genug

Studien und andere Literatur zu diesem Thema und sowieso ist die rein technische, wissenschaftlich belegbare Seite für mich nicht ausschlaggebend, wenn es darum geht, wie ich mit einem Mitgeschöpf umgehen möchte. **Selbst wenn 1000 Studien bestätigen würden, dass strafbasiertes Training und aversive Maßnahmen schneller zum Erfolg führen – für mich wäre das kein Grund, entsprechend zu handeln. Ich will freundlich mit Hunden umgehen. Ich will, dass sie mich mögen, mir vertrauen und vor allem keine Angst vor mir haben. Und sie zu strafen verhindert das garantiert!**

Bestrafungsregeln

Aber zurück zum Thema des strafbasierten Trainings, denn wie gesagt ist es mir wichtig, klar herauszustellen, wo der Unterschied zum belohnungsbasierten Training liegt. Korrektes Durchführen von Strafe bedeutet, sich an die Regeln zur Bestrafung zu halten, denn hier sind wieder Lerngesetze am Werk.

- Die Strafe muss IMMER erfolgen, wenn das Verhalten, das verschwinden soll, gezeigt wird. Jedes einzelne Mal.
- Sie muss PROMPT erfolgen, weil der Hund die Strafe sonst nicht mit dem Verhalten verbinden kann, das verschwinden soll.
- Und sie muss HEFTIG GENUG sein, damit der Hund sich wirklich nie wieder traut, das Verhalten, das bestraft wurde, zu zeigen.

Richtig gemacht würde sich Bestrafungsregel Nummer 1 also *fast* erübrigen, denn wird Bestrafungsregel Nummer 3 eingehalten, wirkt die Strafe so nachhaltig, dass der Hund das Verhalten nicht wiederholen wird. *Fast* deshalb, weil es immer zu einer „spontanen Erholung" kommen kann und dann zeigt der Hund das Verhalten doch wieder, auch wenn sehr heftig gestraft wurde.

Die „harte Hand"

Die Bestrafungsregel Nummer 3 ist es aber auch, die die Grundlage für das Argument der „harten Hand" bildet. Bei Hunden heißt es immer wieder, „manche brauchen eben eine harte Hand". Und ja, es stimmt: Manche Hunde brauchen eine „harte Hand" – wenn man für das Zusammenleben und das Training mit dem Hund den strafbasierten Ansatz wählt. Es gibt Hunderassen, die seit Jahrhunderten darauf selektiert wurden, sich in der Regel eigenständig und ohne Beteiligung des Menschen mit wehrhaftem Wild auseinanderzusetzen. Paradebeispiel hierfür sind vor allem die kleinen Terrierrassen, die Fuchs und Dachs aus dem Bau treiben, die Wildschweine stellen, Ratten fangen und töten und sich mit allerlei anderem Raubzeug anlegen. Wehren sich diese Tiere, dann sagt der geneigte Terrier nicht etwa: „Oh sorry, ich wollte dich nicht belästigen, bin schon weg! Ich komm dann vielleicht morgen wieder, sofern du dann bessere Laune hast.", sondern er legt nochmal eine ordentliche Schippe

drauf. Tut er das nicht, dann ist er für die Arbeit nicht geeignet und wird aus der Zucht genommen, sofern diese auf Arbeitstauglichkeit ausgerichtet ist. Heute ist das natürlich nicht mehr in jedem Fall so, denn es gibt inzwischen auch bei diesen Hundetypen Züchter, denen andere Eigenschaften wichtiger sind, weil sie nicht explizit für den jagdlichen Einsatz züchten. Aber über sehr lange Zeit wurde es so gehandhabt und diese „Härte" ist in vielen Terriern, aber eben auch anderen Rassen, deren Mischungen oder Typen noch sehr präsent. Sie steht in deutlichem Kontrast zur sogenannten Leichtführigkeit von Hunderassen, die im Gegensatz dazu über Jahrhunderte hinweg auf die enge Zusammenarbeit und Lenkung durch den Menschen selektiert wurden, wie zum Beispiel die meisten Hütehunde. Ich bitte darum, diese Etiketten auch als solche zu verstehen. Natürlich ist jeder Hund ein Individuum und es gibt in jeder Rasse, jedem Schlag, bei jedem Typ immer solche und solche, wie ich weiter vorne im Buch bereits erwähnt habe. Aber die Auftretenswahrscheinlichkeit bestimmter Merkmale ist deutlich unterschiedlich, ansonsten wäre ja die Selektion auf bestimmte Merkmale und damit die gesamte Zucht ad absurdum geführt. Und ich möchte auch klarstellen, dass es mir nicht um „besser", „schlechter", „einfacher", „anspruchsvoller" geht, was den Umgang und das Training betrifft. Es sind Unterschiede und viele Menschen suchen sich den Hundetyp entsprechend der eigenen Vorlieben aus

Hütehunde zeigen meist eine hohe Bereitschaft, mit dem Menschen zu kooperieren.

und so manche Liebe zu einer bestimmten Rasse oder einem bestimmten Typ entwickelt sich auch erst mit der Zeit.

Aber zurück zur „harten Hand“. Hunde, die Eigenständigkeit und die Fähigkeit zur Auseinandersetzung mit wehrhaftem Wild mitbringen, lassen sich weniger leicht beeindrucken als Hunde, die diese Eigenschaften nicht oder weniger stark ausgeprägt mitbringen. Das bedeutet, dass Fehlverhalten deutlich heftiger bestraft werden muss, damit der Hund es sein lässt. Und genau das ist das Problem bei Bestrafungsregel Nummer 3: Was ist heftig genug? Bei „harten“ Hunden muss man in der Regel zu extrem starken aversiven Einwirkungen greifen, um sie in ihrem Verhalten zu hemmen, weshalb zum Beispiel das Stromhalsband (dessen Einsatz in Deutschland durch das Tierschutzgesetz verboten ist!) zum Einsatz kommt. Aber meistens

Hunde, die den Schneid haben, Raubtiere zu stellen, lassen sich oft durch Strafen nicht sehr beeindrucken. Eine Gewaltspirale beginnt …

sind die Einwirkungen zu Beginn nicht heftig genug und so beginnt eine Gewaltspirale, die immer weiter eskaliert. Durch diese Eskalation stumpfen viele der so behandelten Hunde aber immer weiter ab, bis es keine weitere Möglichkeit mehr gibt, NOCH aversiver zu werden. Wenn es so weit ist, dann ist in der Regel alles zu spät. Bindung und Vertrauen konnten sich bei einem solchen Umgang ohnehin nie entwickeln, aber der Hund hat zu diesem Zeitpunkt auch gelernt, dass Menschen gefährlich sind und dass man sich gegen sie zur Wehr setzen muss. Diese Hunde fühlen sich extrem schnell bedroht und fackeln dann nicht mehr lange mit der Gegenwehr. Angriff ist die beste Verteidigung. Wird man dann als Verhaltensberater hinzugezogen, tritt man ein Erbe an, bei dem man im Zweifelsfall nichts mehr retten kann. Das sind die Extremfälle, mit denen ich (und wie ich in Gesprächen erfahren habe, trifft dies auch auf viele meiner Kolleginnen zu) nicht besonders häufig konfrontiert werde, weil Hunde, die so zugrunde gerichtet wurden, in der Regel eingeschläfert werden, ohne eine weitere Chance zu bekommen, oder einfach verschwinden. Solch einen Hund einzuschläfern ist manchmal – so weh es tut – die einzig verantwortbare Entscheidung, weil er tatsächlich eine Gefahr darstellt und es nur wenige Anlaufstellen gibt, die solche Hunde nicht nur sicher unterbringen, sondern ihnen auch ein hundewürdiges Leben und Training bieten können.

Nachteile des strafbasierten Trainings

Positive und negative Strafe sind die Hauptdarsteller des strafbasierten Ansatzes und sie bringen große Nachteile mit sich: Die weiter vorne beschriebenen Bestrafungsregeln müssen eingehalten werden, sonst kann das eigentliche Ziel, die Verhaltenshemmung oder -unterdrückung nicht erreicht werden. Das heißt, der Hund muss sofort, heftig genug und jedes Mal bestraft werden, wenn er ein unerwünschtes Verhalten zeigt. Ist das nicht gewährleistet, dann wird das Verhalten nicht verschwinden, der Hund wird es weiterhin zeigen. Vielleicht nicht mehr so oft und vielleicht nicht mehr in jeder Situation, aber das Verhalten wird weiterhin in seinem Repertoire bleiben und immer dann, wenn der Hund es als „sicher" einstuft, wird er es zeigen. „Sicher" bedeutet in diesem Fall, dass der Hund das Verhalten zeigen kann, ohne dass er dafür bestraft wird.

Die Frage „Was ist heftig genug?", kann kein Mensch im Voraus beantworten. Es gibt Hunde, die schaut man scharf an und sie fallen in sich zusammen und machen keinen Mucks mehr. Andere Hunde werden massiv körperlich angegangen, eine strafende, also verhaltenshemmende oder -unterdrückende Wirkung bleibt jedoch aus. Das sind dann die Hun-

de, die „eine harte Hand“ brauchen und die im Verlauf der Eskalation immer weiter abstumpfen und bis zu einem gewissen Punkt immer härtere, immer aversivere Einwirkungen wegstecken. Ist dieser gewisse Punkt allerdings erreicht, dann sind sie so weit gebracht worden, dass sie im Zweifelsfall bis zum Äußersten gehen, schlicht und ergreifend weil ihnen die Sicherungen durchbrennen. Genug ist einfach irgendwann genug und dann ist die Grenze dessen erreicht, was ein Lebewesen ertragen kann.

Der Hund lernt beim strafbasierten Training nicht, was er tun kann, wie er sich verhalten soll. Erlebt der Hund immer wieder, dass es nahezu egal ist, welches Verhalten er zeigt, und dass er immer damit rechnen muss, bestraft zu werden und dass er die Konsequenzen nicht kontrollieren kann, wird er passiv werden und sein Verhaltensspektrum immer weiter einschränken. Bis vor kurzem galt in diesem Zusammenhang noch der Begriff „Erlernte Hilflosigkeit“. Neuere Untersuchungen zeigen jedoch, dass die eintretende Passivität die standardmäßige Reaktion von Lebewesen auf länger andauernde oder immer wieder auftretende aversive Ereignisse ist.[14] Diese Handlungsunfähigkeit ist das Symptom einer Traumatisierung.

Aversive Maßnahmen – und wenn die Strafe eine Strafe sein soll, dann muss die angewendete Maßnahme eben hinreichend aversiv sein – erzeugen Stress, mindern die Lebensqualität, verschlimmern Aggressionsverhalten und schädigen die Bindung bzw. verhindern den Bindungsaufbau[15].

---

14 Maier, S. F., & Seligman, M. E. P., Learned helplessness at fifty: Insights from neuroscience. Psychological Review, 123(4), 349–367 (2018). https://doi.org/10.1037/rev0000033

15 z. B. Herron, M. E., Shofer, F. S., Reisner, I. R. 2009, Survey of the use and outcome of confrontational and non-confrontational training methods in ...

Zusammenfassung

Der strafbasierte Ansatz ist leider immer noch die Realität für die überwiegende Zahl der Hunde. Natürlich gibt es auch innerhalb des strafbasierten Ansatzes unterschiedliche Richtungen und Ausprägungen. Von ganz altertümlichen Methoden, bei denen Hunde gesetzeswidrig mit Strom-, Stachel- oder Kettenhalsbändern „korrigiert" werden, bis hin zu sogenannten sanften Korrekturen, die den Hund in seinem Verhalten „nur" durch körpersprachliches Bedrohen oder, wie es oft so blumig heißt, „Raum einnehmen" oder durch „die Energie des Hundeführers" hemmen, ist alles dabei. Gemeinsame Basis ist die grundlegende Haltung, dass hundliches „Fehlverhalten" geahndet werden muss, was den Einsatz von Lob und Belohnung für erwünschtes Verhalten aber nicht ausschließt. Da die Bestrafungsregeln in den seltensten Fällen wirklich eingehalten werden (können), ist der strafbasierte Ansatz per se eine schlechte Wahl, weil Verhalten nicht zuverlässig und nachhaltig gehemmt werden kann. Und selbst wenn alle Regeln immer eingehalten werden würden: Da ist noch das Phänomen der „spontanen Erholung". Jedes unterdrückte Verhalten kann plötzlich spontan wieder auftreten. Der strafbasierte Ansatz bringt keinerlei Vorteile mit sich und das Einzige, was viele Menschen daran hindert sich vollständig davon zu verabschieden, ist die Angst. Die große Angst, die Kontrolle über den Hund zu verlieren, durch eine vermeintlich antiautoritäre Erziehung einen Tyrannen im Hundekostüm zu erschaffen, der völlig außer Rand und Band ist, so dass das Leben mit dem Hund zum

---

... client-owned dogs showing undesired behaviors Applied Animal Behaviour Science Volume 117, Issues 1–2, 47-54; Ziv, G. 2017, The effects of using aversive training methods in dogs – A review Journal of Veterinary Behavior Volume 19, 50-60 und Haverbeke, A., Laporte, B., Depiereux, E., et. al. Training methods of military dog handlers and their effects on the team's performances, Applied Animal Behaviour Science Volume 113, Issues 1–3, 110-122

Albtraum wird. Diese Angst ist irrational, entbehrt jeder wissenschaftlichen Grundlage und zeichnet ein Bild vom Hund, das ihm in keiner Weise gerecht wird. Hunde, die belohnungsbasiert trainiert werden und einen bedürfnisorientierten Umgang erfahren, sind gelassen, kooperativ und führen antrainierte Verhaltensweisen zuverlässig aus, weil sie Spaß daran haben. Sie orientieren sich an ihrem Menschen und arbeiten mit ihm zusammen, weil der Mensch ihnen gute Gründe dafür liefert. Das heißt selbstverständlich nicht, dass diese Hunde immer und jederzeit „Everybody's Darling" sind. Sie sind Lebewesen, Persönlichkeiten, die genau wie wir auch mal schlechte Tage haben und in gewissen Situationen überreagieren und sich schlecht im Sinne von unerwünscht benehmen können. So ist das mit Lebewesen nun mal und wer einen immer funktionierenden Befehlsempfänger möchte, ist mit einem Roboter auf jeden Fall besser bedient.

Wir wissen heute so viel über Lernverhalten, über Bindung, Beziehung, Kognition und Emotionen, über die Gehirnentwicklung usw. und es steht völlig außer Frage, dass *jeder* Hund ohne den Einsatz aversiver Maßnahmen über einen bedürfnisorientierten Umgang und belohnungsbasiertes Training zu einem angenehmen Alltagsbegleiter, einem fähigen Jagd- oder Hütepartner, Blindenführ- oder Assistenzhund oder was auch immer werden kann, sofern er die entsprechende

Eignung mitbringt. Hunde, die Schwierigkeiten mit Artgenossen oder Menschen haben, die Fahrräder, Jogger, Züge oder Autos jagen, die im Wald stiften gehen, ihren Futternapf, Liegeplatz oder ihr Spielzeug verteidigen, können lernen, all diese Verhaltensweisen nicht zu zeigen, sich stattdessen an ihrem Menschen zu orientieren und alternatives Verhalten und andere Strategien zu entwickeln.

Gebrauchshunderassen wie Dobermann, Rottweiler Schäferhund etc. wird oft unterstellt, sie bräuchten eine „harte Hand", sonst würden sie nicht „spuren".

Mein Anfang in Sachen Hund war übrigens der strafbasierte Ansatz. Mein erster Hund, Dobermannhündin Dahra, die ich im Alter von fünf Monaten von einem Züchter (den ich mit meinem heutigen Wissen wohl eher in die Kategorie Vermehrer einsortieren würde) übernommen hatte, lief am Kettenwürger und ich habe „Fehlverhalten" mittels einer Klapperbüchse – also durch den Einsatz eines Schreckreizes – „korrigiert". Ich weiß also sehr genau, wovon ich spreche und ich weiß, was ein solcher Umgang mit Hund und Mensch macht. Als ich dann im Jahr 2002 im Internet einen Menschen kennenlernte, der mir erzählte, dass das alles nicht sein müsse, war ich nicht etwa froh. Im Gegenteil, ich habe mit Zähnen und Klauen meinen Standpunkt verteidigt, denn obwohl sich der Umgang mit meinem Hund alles andere als gut anfühlte und sein Verhal-

ten sich nicht besserte, hätte ich mir selber und der Welt eingestehen müssen, dass meine Ansichten und Überzeugungen lediglich meinen aktuellen Entwicklungsstand widerspiegelten, meine Wahrheit waren. Und Selbstreflektion war im Alter von knapp 20 Jahren eher nicht so meine Stärke. Den entscheidenden Ausschlag dafür, mein Verhalten ändern zu wollen, gab letzten Endes Dahra. Es kam der Tag, an dem ich sie rief und sie nicht ganz zu mir herankam. Sie blieb in etwa drei Metern Entfernung stehen, und was ich in ihren Augen sah, war Angst, Unsicherheit und die Befürchtung, dass sie wieder einmal etwas Unangenehmes von mir zu erwarten hatte. Dieser Moment war es, der mich tief betroffen gemacht, ja erschüttert hat und mir den Anstoß gab, mich auf die Suche nach einem anderen Weg zu machen.

Es ist also nicht so, dass ich mich über andere erheben möchte, weil ich es von Anfang an „richtig" gemacht habe. „Richtig" gibt es meines Erachtens in der Form sowieso nicht, weil „richtig" hieße, dass es nur so geht und nicht anders. Das Ganze ist aber doch ein Prozess, und nur weil ich aktuell etwas so mache, wie ich es mache, heißt das nicht, dass das für immer so bleiben wird. Abgesehen davon natürlich, dass ich niemals von meinem Grundsatz der Gewaltfreiheit abrücken werde. Ich gehe außerdem fest davon aus, dass belohnungsbasiertes Training und der für mich unbedingt dazugehörende bedürfnisorientierte Umgang mit dem Hund immer das Fundament bilden werden, auf dem alles andere fußt. Neue Erfahrungen verändern den Blickwinkel auf Dinge, neue Erkenntnisse können in bestehendes Wissen integriert werden oder bisheriges ersetzen. Für diesen Prozess möchte ich offen bleiben und ich freue mich über jeden Mitmenschen, der das genauso sieht.

Belohnungsbasiertes Training und bedürfnisorientierter Umgang

Belohnungsbasiertes Training und bedürfnisorientierter Umgang sind so viel mehr, als dem Hund Leckerchen zu geben bzw. sie mehr oder weniger wahllos in ihn hineinzustopfen oder den Hund völlig ohne Berücksichtigung der Beziehungsebene ausschließlich zu manipulieren oder zu dressieren. Doch das ist es, was viele Leute darunter verstehen, wenn man sagt, dass man über (positive) Verstärkung trainiert und den Hund für erwünschtes Verhalten belohnt. Bestimmt gibt es zahlreiche Menschen, die es tatsächlich so handhaben; mit belohnungsbasiertem Training und bedürfnisorientiertem Umgang hat das dann aber nicht wirklich etwas zu tun. Beides besteht aus vielen einzelnen Bausteinchen, die sich ergänzen und ein großes Ganzes ergeben. Und wie so oft: Das Ganze ist mehr als die Summe seiner Teile.

Im Folgenden fasse ich zusammen, was belohnungsbasiertes Training und bedürfnisorientierter Umgang für mich bedeuten und was alles dazu gehört. Vielleicht fallen Ihnen ja noch andere Dinge ein, die für Sie auch dazugehören. Meine Zusammenfassung erhebt in keiner Weise Anspruch darauf, die einzig wahre zu sein.

Wissen über hundliches Normalverhalten und die Bedürfnisse von Hunden

Zu wissen, was Hunde eigentlich ausmacht, welche Verhaltensweisen ihnen in die Wurfkiste gelegt werden, wie deren Ausprägung durch viele verschiedene Faktoren beeinflusst wird und welche Bedürfnisse sie im Allgemeinen und Ihr ganz einzigartiger Hund im Speziellen hat, ist die Grundlage für alles. Ich habe versucht, Ihnen im ersten Teil des Buches einen Über-

Ein fundiertes Wissen über hundliches Normalverhalten ist die Grundlage für eine gute Mensch-Hund-Beziehung.

blick über all diese Dinge zu geben, aber natürlich kann ich nur an der Oberfläche kratzen. Hunde sind solch komplexe Wesen mit so unterschiedlichen Persönlichkeiten – ich bin sicher, auch wenn ich mich mein Leben lang mit ihnen beschäftige, werde ich bis zu meinem letzten Atemzug immer wieder Neues über sie lernen. Und deshalb möchte ich Sie ermutigen: Suchen Sie sich Menschen, die Hunden gegenüber die gleiche liebe- und respektvolle Haltung haben wie Sie selbst und lernen Sie von und mit ihnen. Es gibt inzwischen so viele Möglichkeiten an fundiertes, aber dennoch gut verständlich aufbereitetes Wissen zu gelangen, ob es nun Bücher, Videos oder Online-Inhalte sind. Es ist nicht nötig, sich durch oft schwer verständliche und – noch schwerer – richtig zu interpretierende Primärliteratur in Form wissenschaftlicher Studien zu quälen. Nichtsdestotrotz sollten Sie natürlich die Seriosität der Quellen prüfen, die Sie nutzen wollen. Denn im Informationszeitalter kann jeder alles verbreiten, ohne dafür auch nur im mindesten qualifiziert zu sein. Eine Orientierungshilfe bietet Ihnen die Zusammenstellung weiterführender Quellen am Ende dieses Buches.

Körpersprache lesen und richtig interpretieren können

Um das Verhalten von Hunden richtig beurteilen und, falls nötig, eben auch verändern zu können, ist es unbedingt notwendig, dass Sie lernen, ihre Körpersprache zu lesen und richtig zu interpretieren. So viele Probleme im Zusammenleben mit Hunden ließen sich vermeiden, wenn Menschen besser in der Lage wären, ihren Hund in seiner Ausdrucksweise zu verstehen. Über das Thema Körpersprache lässt sich problemlos ein richtig dicker Wälzer schreiben und genau das haben meine Kolleginnen Katja Krauß und Gabi Maue auch getan. Da ihr Werk, das 2020 erschienene, über 600 Seiten starke Buch „Emotionen bei Hunden sehen lernen“, so unfassbar beeindruckend und wertvoll ist, möchte ich an dieser Stelle darauf hinweisen und nicht erst in den Literaturempfehlungen am Ende dieses Buches. Ebenso hilfreich sind die Bücher über Stress, das Lernverhalten und die Beschwichtigungssignale, die Sie ebenfalls in der Literaturliste finden.

Wenn es darum geht, Körpersprache lesen und interpretieren zu lernen, dann sind Etiketten nicht hilfreich, denn „Der Hund hat Angst." löst in Ihrem Kopf vermutlich ein etwas anderes Bild aus als in meinem. Deshalb ist es wichtig, das, was wir sehen, zunächst zu beschreiben und erst dann alle Signale zusammenzunehmen und entsprechend einzuordnen. Die angegebenen Bücher und/ oder entsprechende Seminare können Ihnen helfen, hier immer sicherer zu werden.

Um das Verhalten von Hunden richtig zu interpretieren, müssen Sie ihre Körpersprache lesen können.

Den Hund unterstützen

Die Themen Stress und Konflikt sind immens wichtig für das Zusammenleben mit Hunden und vor allem in Bezug darauf, dem Hund Grenzen setzen zu wollen, denn wenn ein Hund unter Stress steht, sich in einem Konflikt befindet, dann braucht er keine Grenzen, sondern er braucht die liebevolle Unterstützung seiner Bezugsperson, die ihm aus der akuten Situation heraushilft. Und er braucht langfristig Hilfe dabei, mit Stress und Konflikten besser umgehen zu können. Dazu wiederum braucht es das genaue Erkennen der Bedürfnisse des Hundes und das Erlernen von Handlungsalternativen mit belohnungsbasiertem Training.

Ein Hund kann beispielsweise in einer konfliktträchtigen Situation mit einem anderen Hund oder auch einem Menschen lernen, dass er sich abwenden und den Abstand zum Auslöser des

Konflikts selbstständig vergrößern kann. Dieses Erlernen von Selbstwirksamkeit ist unheimlich wichtig für die seelische Gesundheit jedes Lebewesens und für unsere Hunde, die so vollständig abhängig von uns sind sowieso. Die Erfahrung zu machen, dass er selbst eine bedrohliche Situation auflösen kann, dass er die Kontrolle behält und nicht schutzlos ausgeliefert ist, sorgt dafür, dass ein Hund gelassen und sicher durchs Leben gehen kann. Begleitet und unterstützt von seiner Bezugsperson dort, wo es nötig ist. Um zu lernen, wie Sie Ihren Hund bestmöglich unterstützen können, kann es sehr sinnvoll sein, wenn Sie sich Hilfe bei einem qualifizierten Verhaltensberater holen.

Vorausschauendes Handeln

Eine weitere Grundlage, um belohnungsbasiert trainieren zu können, bildet das vorausschauende Handeln. Nur wenn ich dafür sorge, dass mein Hund am besten erst gar kein unerwünschtes Verhalten zeigt, kann ich erwünschtes Verhalten ausreichend oft verstärken, so dass es stabil genug wird, dass der ein oder andere Ausrutscher nicht weiter ins Gewicht fällt. Dahinter steckt das Konzept der Trainingswaage, auf das ich im weiteren Verlauf noch genauer eingehen werde.

Wenn Essen nicht unbeaufsichtigt stehen bleibt, kommt der Hund auch nicht in Versuchung, es sich zu nehmen.

Vorausschauendes Handeln bedeutet also, Vorkehrungen zu treffen, um den Hund daran zu hindern, „Fehler“ zu machen (hindern = Grenzen setzen). Ein paar einfache Beispiele sollen das verdeutlichen:

- Springt Ihr Hund Menschen an, dann leinen Sie ihn an und verhindern Sie so, dass er das Verhalten zeigen kann.
- Rennt Ihr Hund beim Anblick anderer Hunde einfach los, dann leinen Sie ihn an und verhindern Sie so, dass er das Verhalten zeigen kann.
- Jagt Ihr Hund Jogger, Radfahrer oder sonstige Personen, dann leinen Sie ihn an und verhindern Sie so, dass er das Verhalten zeigen kann.
- Stibitzt Ihr Hund Essen vom Tisch oder der Anrichte, dann lassen Sie Ihren Hund damit nicht unbeaufsichtigt oder räumen Sie die Sachen weg und verhindern Sie so, dass er das Verhalten zeigen kann.

Beim vorausschauenden Handeln geht es nicht darum, unerwünschtes Verhalten zu ignorieren oder zu tolerieren. Es geht darum, diese Verhaltensweisen so gut wie möglich zu verhindern, damit der Hund sie gar nicht erst verinnerlicht, und es geht darum, die Voraussetzungen dafür zu schaffen, ihm vermitteln zu können, welches Verhalten wir uns stattdessen wünschen. Vor JEDEM unerwünschten Verhalten zeigt ein Hund Verhalten, das (noch) o. k. ist und das Sie belohnen können. Dazu greife ich die eben genannten Beispiele noch einmal auf:

- Belohnen Sie Ihren Hund, solange alle vier Pfoten auf dem Boden sind und zwar so, dass er sich nach unten orientiert.
- Belohnen Sie Ihren Hund, sobald er einen fremden Hund erblickt oder noch besser, wenn er sich Ihnen auf Ansprache hin zu- und von dem anderen Hund abwendet.
- Belohnen Sie Ihren Hund für das entspannte (d. h. die Muskelspannung des Hundes ist niedrig) Beobachten von Joggern, Radfahrern oder sonstigen Personen.
- Belohnen Sie Ihren Hund auf seiner Decke, vor allem auch dann, wenn Essbares auf dem Tisch oder der Anrichte steht.

Einsatz von Markersignalen

Damit ein Hund eine Konsequenz – egal ob angenehm oder unangenehm – mit seinem Handeln in Verbindung bringen kann, muss diese Konsequenz prompt erfolgen. Prompt bedeutet innerhalb von maximal einer Sekunde. Noch schneller ist besser.

Positive Markersignale

Wenn wir belohnungsbasiert arbeiten, dann brauchen wir Belohnungen, genauer gesagt Verstärker (dazu später mehr), die wir dem Hund als Konsequenz auf erwünschtes Verhalten anbieten. Diese innerhalb von einer Sekunde an den Hund zu bringen ist nahezu unmöglich. Sie wollen den Hund belohnen, weil

er sich brav hingesetzt hat, schwupps, da steht er schon wieder auf, und statt das Sitzen zu belohnen, belohnen Sie nun das Aufstehen, wenn Sie dem Hund die Belohnung trotzdem geben. Um diesen Stolperstein in der Kommunikation mit Ihrem Hund zu vermeiden, können Sie sich ein Markersignal zunutze machen. Das Markersignal geben Sie genau in dem Moment, in dem Ihr Hund das erwünschte Verhalten zeigt und dann lassen Sie die Belohnung folgen. Ich nutze als Markerwort ein knackig und freudig ausgesprochenes „Gut!“; Sie können aber auch jedes andere Wort wählen, das sich so aussprechen lässt, wie zum Beispiel „Ja!“, „Yep!“, „Top!“ oder „Yes!“. Wenn Sie möchten und Ihr Hund sich nicht vor dem Geräusch fürchtet, können Sie natürlich auch einen Clicker verwenden. Hunde verstehen sehr schnell, dass das Markersignal eine Belohnung ankündigt, wenn beides immer kurz nacheinander passiert. Damit schaffen Sie eine gemeinsame Vokabel für sich und Ihren Hund, die dafür sorgt, dass er genau weiß, wofür Sie ihn belohnt haben.

Der Clicker ist das bekannteste Markersignal zur Bestätigung erwünschten Verhaltens. Sie können aber auch ein beliebiges (kurzes) Wort nutzen.

Das Thema „Positive Markersignale“ ist ein sehr weites Feld und keineswegs auf „Click & Futter“ beschränkt. Es gibt spezifische Markersignale, die eine ganz bestimmte Art der Belohnung ankündigen, es gibt generalisierte Markersignale, bei denen der Hund nicht weiß, welche Belohnung es geben wird, nur dass es eine Belohnung geben wird. Im Rahmen dieses Buches möchte ich dieses Thema nicht weiter vertiefen, weil es einfach zu weit führen würde. Es gibt inzwischen aber viele empfehlenswerte Bücher dazu, von denen Sie meine Favoriten in der Literaturliste am Ende des Buches finden.

Negative Markersignale

Genauso wie ein Hund lernen kann, dass ein positives Markersignal eine Belohnung ankündigt, kann er auch lernen, dass ein negatives Markersignal bedeutet, dass sein Verhalten nicht funktionieren wird. Ich werde das anhand einer kleinen Geschichte aus unserem Alltag erklären:

Meinungsverschiedenheiten gibt es ja nun mal in jeder Beziehung, so auch in der zu meinen Hunden. Hermine, meine Parson Russel Terrier-Hündin, war im Alter von etwa neun Monaten beim Zubettgehen der Meinung, es sei eine richtig gute Idee, ihr riesiges Rinderohr mit Fell in unserem Bett zu kauen. Ich war da anderer Meinung. Wie lösen wir das Problem? Hier geht es ganz klar um unterschiedliche Bedürfnisse und Wünsche. Hermines Bedürfnis nach Sozialkontakt und Entspannung durch Kauen sowie ihr Wunsch, beides zusammen in unserem Bett ausleben zu können und mein Bedürfnis nach Sauberkeit sowie der damit einhergehende Wunsch nach einem rinderohrfreien Schlafplatz ...

Rinderohr im Hundebett ist okay, im Bett der Menschen allerdings nicht.

Eine Möglichkeit zur Lösung dieses Konfliktes wäre ein Kompromiss gewesen: Ich hätte eine Decke oder ein Handtuch aufs Bett legen und Mine dann darauf kauen lassen können. Aber ganz ehrlich: Nein. Ich habe keine Lust auf einen solchen Kompromiss. Ich möchte solche angeschlonzten, übel riechenden Kauteile nicht in meinem Bett haben. Deshalb gab es für Hermine in dieser Situation nur zwei Wahlmöglichkeiten:

1. Im Bett liegen und das Bedürfnis nach Sozialkontakt stillen – dann aber ohne Rinderohr.
2. Sich beim Rinderohrkauen entspannen – dann aber auf dem orthopädischen, bequemen Hundebett auf dem Boden.

Nun ist Hermine ein Terrier und vermutlich ahnen Sie es bereits: Sie ist „diskussionsfreudig". Und ich terriererprobt und „stur". In solchen Situationen gilt bei mir das Motto: „Immer einmal mehr als du!" Hermine nahm also das monströse Rinderohr und ebenso monströsen Anlauf und hopste ins Bett. Ich sagte „äh-äh", nahm ihr das Rinderohr ab und warf es zurück auf das am Boden stehende Hundebett. Hermine hopste vom Bett, holte sich das Rinderohr, nahm erneut Anlauf und – ich glaube ich kann mir weitere Worte sparen. Das Ganze haben wir fünf Mal durchgespielt, dann hat Mine eingesehen, dass ich den dickeren Schädel habe. Und hat in entspannter Bauchlage friedlich noch für eine Viertelstunde ihr Rinderohr auf dem Hundebett gekaut, bevor sie schließlich wieder ins Bett gehopst ist – dieses Mal ohne Rinderohr – und sich zur Nachtruhe niedergelegt hat.

Das „äh-äh" ist mein Negativmarker, den ich so breit wie möglich aufbaue. Er bekommt nach und nach die Bedeutung, dass das Verhalten, das der Hund da gerade zeigen möchte, nicht funktionieren wird, dass er aber jederzeit die Möglichkeit hat, ein anderes Verhalten zu zeigen, das auch für mich in Ordnung ist. In diesem Fall eben:
Rinderohr + Bett = nein
Rinderohr + Hundebett = ja
Bett ohne Rinderohr = ja

Dabei provoziere ich jedoch keine Situationen, in denen der Hund etwas tut, was er nicht soll, nur um den Negativmarker aufzubauen. Ich nutze ihn einfach, wenn diese Situationen eben auftreten, bin dabei dann aber wirklich konsequent. „Äh-äh" zu sagen, es aber nicht so zu meinen und im obigen Beispiel den Hund dann eben doch mit dem Rinderohr ins Bett zu lassen, weil man genervt ist und endlich Ruhe haben will, ist nicht zielführend und vor allem dem Hund gegenüber nicht fair. Er hat keine Chance, die Bedeutung des negativen Markersignals zu lernen

(„Dieses Verhalten wird nicht funktionieren!“), wenn es eben doch funktioniert, sofern er es nur oft genug probiert. Konsequenz heißt aber nicht Strenge oder Autorität. Konsequenz heißt klar mit sich selbst und seinen Regeln zu sein, um für den Hund klar zu sein. Hunde haben es mit uns Menschen sowieso schon schwer genug, weil sie ständig versuchen müssen, herauszufinden, was ihre Bezugsperson wohl gerade von ihnen will. Da ist es nur fair, wenn wir uns wenigstens bei ein paar Signalen zusammenreißen und deren Bedeutung durch konsequente Verknüpfung für den Hund wirklich verständlich machen.

Hermine hat gelernt, ruhig zu warten, bis die Tür der Box geöffnet wird.

Ein weiteres Beispiel, wie ich den Negativmarker einsetze, ist, dass ich die Box im Auto nicht öffne, wenn Hermine an der Türe kratzt. Da sage ich „äh-äh“, nehme die Hände wieder von der Box und trete eventuell sogar einen Schritt zurück. Rein technisch gesehen befinden wir uns hier im Bereich der negativen Strafe: Ich entziehe dem Hund die Möglichkeit, etwas zu bekommen oder zu tun, was ihm gefällt – das muss ganz klar gesagt werden. Da ich den Negativmarker aber, wie bereits erwähnt, nur in Situationen nutze, die so oder so auftreten, ich also den Hund nicht absichtlich in eine Situation bringe, in der er etwas „falsch“ macht, nur um ihn dann zu bestrafen, ist der Negativmarker für mich in diesen Situationen eine

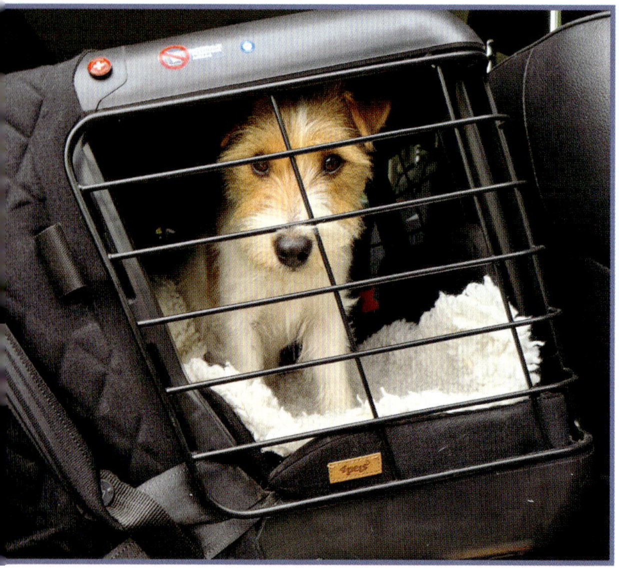

Möglichkeit, klar zu kommunizieren und diese klare Kommunikation sorgt dafür, dass beim Hund weniger Stress ausgelöst wird. Denn „eine wesentliche Einsicht der modernen Stressforschung lautet: Wenn negative Ereignisse kontrolliert oder auch nur vorhergesagt werden können, dann sind ihre Auswirkungen längst nicht mehr so schlimm.“[16] Ein achtsam eingesetzter Negativmarker kann stark zur Erwartungssicherheit des Hundes beitragen und Berechenbarkeit ist unabdingbar, wenn unsere Hunde sich wohlfühlen sollen.

Hunde wie Hermine, die von klein auf lernen, dass sie Verhalten zeigen dürfen und sollen, weil sich jede Menge davon lohnt, lernen sehr schnell, den Negativmarker als „Probier etwas anderes!“ zu verstehen. Er soll vermitteln, dass es für das gerade gezeigte Verhalten keinen Verstärker gibt und dass es nicht zum Erfolg führen wird. Nichtsdestotrotz müssen wir uns bewusst sein, dass hier Strafe wirkt, um ein unerwünschtes Verhalten zu hemmen, und deshalb ist es extrem wichtig, dass

a) der Hund belohnungsbasiert trainiert wird,

b) seine Bedürfnisse und Wünsche, wo immer möglich, so gut es geht erfüllt werden,

c) bei der Nutzung des Negativmarkers keinerlei Bedrohung von mir ausgeht. Einfach nur ruhig, völlig unaufgeregt, aber konsequent: „Nö, ist nö und mach einfach etwas anderes, du hast genügend Alternativen, aus denen du wählen kannst.“

---

16 N. Sachser: Der Mensch im Tier, S. 49 f.

Wichtig: Bei strafbasiert trainierten Hunden und dazu gehören auch diejenigen, bei denen zweigleisig gefahren wird (setzt sich der Hund brav hin, bekommt er ein Lob oder vielleicht sogar ein Leckerchen, tut er das nicht, wird er aber körpersprachlich bedroht oder gar gemaßregelt), kann der Negativmarker, so wie von mir beschrieben, nicht eingesetzt werden. Da diese Hunde in nahezu jedem Verhalten ständig gehemmt werden, können sie nicht einfach ein anderes Verhalten ausprobieren, schlicht weil sie das nie kennengelernt haben und sie immer befürchten müssen, dass sie es ja doch falsch machen und wieder bestraft werden. Strafbasiert trainierte Hunde haben meist keinerlei Erwartungssicherheit und geraten dadurch häufig in Stress. Ein bisschen nett trainieren ist einfach nicht genug. Das Gesamtpaket macht es aus und ein liebevoller, fairer Umgang mit dem Hund muss immer an erster Stelle stehen.

Die entscheidenden Faktoren

Wenn Sie mit Ihrem Hund belohnungsbasiert trainieren und bedürfnisorientiert umgehen wollen, dann müssen Sie über einige Faktoren gut Bescheid wissen. Auf jeden dieser Faktoren werde ich im Folgenden genauer eingehen. Es handelt sich um:

- Timing
- Kriterium
- Belohnungspunkt & Belohnungsrate
- Trainingswaage
- Verstärker
- Trainingszeitpunkt
- Kleinschrittigkeit
- Vor- und Nachteile einschätzen
  - » Frustration im Auge behalten
  - » Situativ die Maßnahmen ergreifen, die vermutlich die wenigsten Nachteile mit sich bringen
  - » Unerwünschtes Verhalten darf sich möglichst nicht lohnen
- Umgang mit unerwünschtem Verhalten

Timing

Im Abschnitt Markersignale habe ich bereits darauf hingewiesen, dass die Konsequenz auf ein Verhalten sehr schnell erfolgen muss, nämlich am besten innerhalb einer Sekunde, damit der Hund sein Verhalten mit der Konsequenz in Verbindung bringen kann. Sind Sie also immer zu langsam oder auch zu schnell damit, Ihren Hund zu belohnen bzw. geben Sie das Markersignal zu früh oder zu spät und ist der Abstand von Markersignal und Belohnung zu groß, dann werden Sie Ihrem Hund nicht das beibringen, was Sie eigentlich wollen. Er wird zweifelsohne etwas lernen. Nur wird es mit großer Wahrscheinlichkeit nicht das sein, was Sie beabsichtigt hatten.

Ich möchte Sie nochmal an das weiter vorne bereits erwähnte Beispiel erinnern: Wenn Sie mit Ihrem Hund trainieren, dass er sich auf Signal hinsetzt, und Sie geben das Markersignal und die darauf folgende Belohnung immer dann, wenn Ihr Hund bereits dabei ist wieder aufzustehen, dann wird er nicht lernen, sich hinzusetzen. Dann wird er lernen aufzustehen, wenn er gesessen hat. Das ist ein großer Unterschied.

Kriterium

Damit landen wir direkt beim Kriterium. Das Kriterium ist das Verhalten, das Sie im Training verstärken wollen. Im Falle des Hinsetzens auf Signal eben das Hinsetzen und nicht das Aufstehen. Aber beim Kriterium müssen Sie noch genauer hinschauen: Es ist ein Unterschied, ob Sie Ihrem Hund beibringen wollen, dass er sich auf Signal hinsetzt oder ob er sitzen bleiben soll. Bei Ersterem geht es um das Ausführen eines bestimmten Bewegungsablaufs, bei Letzterem darum, eine bestimmte Position zu halten, also um die Dauer. Beides sind unterschiedliche Kriteri-

Das Sitz-Kommando …

… wird ausgeführt, …

en und beide müssen Sie mit Ihrem Hund trainieren, wenn er lernen soll sich hinzusetzen und auch sitzen zu bleiben.

Belohnungspunkt und Belohnungsrate

Wenn es darum geht, unterschiedliche Kriterien zu trainieren, dann können Sie sich den Belohnungspunkt und die Belohnungsrate zunutze machen. Der Belohnungspunkt beschreibt, wo Sie Ihren Hund belohnen, die Belohnungsrate beschreibt, wie oft hintereinander Sie das tun.

Auch hier ist das Beispiel „Hinsetzen auf Signal" wieder gut geeignet: Zu Beginn muss Ihr Hund erst einmal lernen, dass es sich lohnt, sich zu setzen. Damit er das möglichst schnell tut, ist es sinnvoll, mehrere Wiederholungen des Bewegungsablaufs hintereinander mit ihm zu üben, damit Sie ihn möglichst oft belohnen können. Das könnte dann zum Beispiel so aussehen:

Hund setzt sich –› Markersignal –› Futterbelohnung wird gegeben

… mit Markersignal bestätigt …

… und belohnt.

„Sitz und bleib" wird weiter belohnt, wenn die Dauer trainiert wird.

Aber natürlich wollen wir, dass er auch lernt, sitzen zu bleiben, bis wir ihn über ein Freigabesignal dazu ermuntern, wieder aufzustehen. Der Schwerpunkt der Übung soll aber nicht die Belohnung für das Aufstehen, sondern die für das Sitzen sein. Das können Sie mit der Belohnungsrate erreichen: Sobald Ihr Hund sich setzt, geben Sie das Markersignal und in schneller Folge nacheinander einige Stückchen Futter, während er noch sitzt. Dann geben Sie ihm mit einem Freigabesignal das letzte Stück, das er nur dann erreicht, wenn er aufsteht, zum Beispiel indem Sie die Hand mit dem Leckerchen ein Stück von ihm wegführen. So erreichen Sie zwei Dinge: Erstens lernt er, dass er erst auf das Freigabesignal aufstehen soll und zweitens, dass der Schwerpunkt der Übung auf dem Sitzen liegt.

Trainingswaage

Das oben beschriebene Beispiel macht das Konzept der Trainingswaage greifbar. Hinter der Trainingswaage steht das Prinzip des „Matching Law". „Matching Law" kann man übersetzen mit „Gesetz der Übereinstimmung". Es besagt, dass Verhalten künftig genau in den Relationen gezeigt wird, in denen es belohnt wurde. Wann immer sich etwas für einen Hund lohnt, wird er es wiederholen und im Laufe der Zeit immer öfter tun. Und je mehr sich ein Verhalten lohnt, desto mehr Gewicht bekommt es in den Augen des Hundes, es wird wichtiger. Das Dumme ist: Unsere Hunde haben oft eine andere Auffassung darüber, was sich lohnt als wir. Darauf gehe ich im Abschnitt Verstärker noch genauer ein. Die Trainingswaage bringt deshalb das Potential mit, uns bei unseren Trainingsbemühungen ganz gemein ein Bein zu stellen. Die Gründe dafür erkläre ich Ihnen anhand eines Beispiels, das vielen Hundehaltern bekannt vorkommen dürfte.

Man trainiert mit dem Hund ein Rückrufsignal und freut sich sehr darüber, dass er immer flott und freudig angelaufen kommt, sobald er das Signal hört. Da es ja – so hört man allerorts – wichtig sei, die Ablenkung immer mehr zu steigern, gibt man das Signal für den Rückruf in immer schwierigeren Situationen, zum Beispiel wenn der Hund bereits durchgestartet ist, weil er einen Hund in der Ferne entdeckt oder Wildgeruch in die Nase bekommen hat. Und so nimmt das Unglück seinen Lauf: Der Hund startet durch, in der Regel ist das ein sehr selbstbelohnendes Verhalten. Da wir gut trainiert haben, reagiert er aber auf unseren Rückruf, und da

Signal für Rückruf und Belohnung fürs Kommen, wenn Hund

- *nah dran,*
- *relativ aufmerksam,*
- *in gemächlichem Tempo unterwegs ist.*

–> Hund wird häufiger in der Nähe bleiben, aufmerksamer werden, in gemächlicherem Tempo unterwegs sein und zuverlässig auf das Rückrufsignal reagieren, weil unsere Belohnungen (Verstärker) kaum in Konkurrenz zur Umwelt treten.

Signal für Rückruf und Belohnung fürs Kommen, wenn Hund

- *weit weg ist,*
- *(stark) abgelenkt ist,*
- *durchstartet.*

–> Hund wird sich häufiger weit entfernen, nach Ablenkungen Ausschau halten, öfter durchstarten und weniger zuverlässig auf das Rückrufsignal reagieren, weil unsere Belohnungen (Verstärker) in stärkere Konkurrenz zur Umwelt treten.

wir super stolz sind, dass er so gut gehorcht, bekommt er eine Jackpot-Belohnung. Vielleicht eine besonders hochwertige Futterbelohnung wie beispielsweise Leberwurst oder ein Spielzeug, das er sehr mag. Was lernt der Hund? In der Regel, dass es wirklich sinnvoll ist durchzustarten, vielleicht auch dann, wenn gar nichts in Sicht ist, weil die Konsequenzen für ihn dann am lohnendsten sind: Glückshormone durchs Durchstarten fluten den Körper und Zurückrennen zu Frauchen ist auch grandios, denn da wartet die Superbelohnung. Während wir uns also noch freuen, dass unser Rückruf so wunderbar funktioniert und das bei nächster Gelegenheit gleich nochmal ausprobieren wollen, lernt der Hund langfristig, dass es eine sehr gute Idee ist, mit vollem Karacho von uns wegzurennen. So hatten wir uns das nicht vorgestellt.

Wichtig zu wissen ist: Jedes über Verstärkung antrainierte Verhalten wird selbst irgendwann zum Verstärker für Verhalten. Dementsprechend ist es essentiell, die Trainingswaage im Auge zu behalten und sich darüber im Klaren zu sein, welches Verhalten sich für den Hund da eigentlich gerade lohnt. Ertönt das Signal für den Rückruf immer dann, wenn der Hund in eher gemächlichem Tempo auf dem Weg läuft und vielleicht sogar mit einem Ohr bei uns ist, dann wird der Hund genau dieses

Verhalten künftig häufiger zeigen: Er wird in gemächlichem Tempo auf dem Weg laufen und mit einem Ohr bei uns sein. Ertönt das Signal für den Rückruf aber immer dann, wenn der Hund gerade schneller wird, durchstartet und in vollem Tempo von uns wegrennt, dann wird der Hund genau dieses Verhalten künftig häufiger zeigen, weil es sich aus seiner Sicht doppelt lohnt. Besonders dann, wenn er mit dem Durchstarten neben der Ausschüttung von Glückshormonen auch noch sein Verhaltensziel erreicht und beispielsweise zu dem Hund in der Ferne Kontakt aufnehmen kann, bevor er auf unseren Rückruf reagiert und kehrtmacht.

Verstärker

Das Beispiel mit dem Rückruf zeigt auch die Wichtigkeit von Verstärkern auf. Nicht jede Belohnung ist auch ein Verstärker und damit in der Lage, Verhalten wirklich häufiger, intensiver oder länger auftreten zu lassen. Wenn der Hund auf das Rückrufsignal reagiert, aber jedes Mal nur ein popeliges Stück Trockenfutter bekommt, dann wird er – sofern er nicht ein völliger Trockenfutter- bzw. Fressjunkie ist – in vielen Situationen überlegen, ob er nicht einfach lieber mit dem weitermacht, womit er gerade beschäftigt ist. **Damit eine Belohnung als Verstärker funktionieren kann, muss sie ein aktuelles Bedürfnis des Hundes stillen. Und so überschneiden sich hier die Aspekte des belohnungsbasierten Trainings mit denen des bedürfnisorientierten Umgangs mit dem Hund. Nur dann, wenn Sie in der**

Lage sind herauszufinden, was Ihr Hund in welchen Situationen wirklich will und braucht, können Sie im Training passende Verstärker nutzen. In Bezug auf einen gut funktionierenden Rückruf könnte ein passender Verstärker für einen Hund, der gerne Kontakt zu anderen Hunden hat, also genau das sein: Die Erlaubnis zur Kontaktaufnahme für das Reagieren auf das Rückrufsignal, das aber bitte dann gegeben wurde, als der Hund den anderen zwar schon gesehen hatte, aber noch nicht auf ihn zugelaufen war.

Ähnlich wie das Thema Markersignale ist auch das Thema Verstärker ein unheimlich weites Feld und es lohnt sich, wenn Sie sich intensiv damit befassen. Sie werden dadurch nicht nur Ihren Hund besser kennenlernen, sondern Sie werden auch Ihr Training auf ein neues Level heben und einen Hund bekommen, der gerne und sehr zuverlässig die Signale ausführt, die Sie ihm geben.

Trainingszeitpunkt

Wie Sie in den vorhergehenden Kapiteln schon herauslesen konnten, ist der Zeitpunkt, wann wir ein bestimmtes Verhalten trainieren, ein wichtiger Faktor beim Üben. Zum einen ist das der Tatsache geschuldet, dass eben jedes über Verstärkung trainierte Verhalten über kurz oder lang selbst zum Verstärker wird. Wir müssen uns also gut überlegen, wann wir Signale geben und dabei die Trainingswaage im Auge behalten. Die andere Sache, die wir berücksichtigen müssen, ist die Verfassung des Hundes. Trainieren wir belohnungsbasiert, dann muss der Hund in der Lage sein, überhaupt belohnenswertes Verhalten zu zeigen. Um zu verdeutlichen, was ich damit meine, ist das Beispiel Leinenführigkeit gut geeignet. Die meisten Menschen möchten dann an der Leinenführigkeit trainieren, wenn der Hund gerade an der Leine zieht, denn genau dieses Verhalten soll ja verändert werden. Würden wir strafbasiert trainieren, wäre das auch sinnvoll, da wir nur ein Verhalten bestrafen können, das der Hund auch zeigt. Beim belohnungsbasierten Ansatz funktioniert das so aber logischerweise nicht. Ein Hund, der an der Leine zieht, ist in der Regel gerade nicht in der Lage, an lockerer Leine zu gehen, weil er vermutlich zu aufgeregt ist, denn sonst würde er ja gar nicht erst ziehen. Gerade beim Thema Leinenführigkeit habe ich die Erfahrung gemacht, dass das Ziehen an der Leine zu 80 bis 90 % mit dem Erregungslevel zusammen-

hängt und nur zu einem kleinen Teil damit, wie gut das Gehen an der lockeren Leine trainiert wurde. Haben Sie schon einmal einen tiefenentspannten Hund gesehen, der an der Leine zieht? Ich nicht. Dementsprechend ist der Wunsch, die Leinenführigkeit dann zu trainieren, wenn der Hund gerade zieht, zwar nachvollziehbar, er ändert aber nichts daran, dass sinnvolles Training in dieser Situation schlicht und ergreifend nicht möglich ist. Um belohnungsbasiert trainieren zu können, muss der Hund sich auf uns einlassen können und wir müssen ihm Belohnungen bieten, die das Verhalten „Gehen an lockerer Leine“ auch wirklich verstärken können.

Das Training der Leinenführigkeit ist daher eigentlich ein Training daran, dass der Hund in jeder Situation gelassen bleiben kann. Aber natürlich muss er nicht erst in jeder Situation lernen, gelassen zu bleiben, damit wir ihn für das Gehen an lockerer Leine belohnen können. Die meisten Hunde laufen irgendwann an lockerer Leine, entweder wenn die Leine eine entsprechende Länge hat oder zum Beispiel auf dem Rückweg des Spaziergangs. Das ist dann der optimale Zeitpunkt, die Leinenführigkeit belohnungsbasiert zu trainieren. Dem Hund fällt es leicht an lockerer Leine zu gehen, er kann sich auf uns einlassen und ist bereit, Belohnungen anzunehmen, egal ob es sich um begehrte Futterstückchen handelt oder indem man langsames Gehen mit schnellerem Gehen belohnt, das dem Hund eher entgegenkommt. Und auch beim Training der Leinenführigkeit müssen natürlich alle anderen Faktoren, die ich bisher genannt habe und die das belohnungsbasierte Training beeinflussen, berücksichtigt werden, wenn es funktionieren soll.

Körperpflegemaßnahmen lassen sich gut nach einer ausgiebigen Gassirunde trainieren, wenn der Hund müde und entspannt ist.

Um die Wichtigkeit des Trainingszeitpunktes zu verdeutlichen, möchte ich noch ein weiteres Beispiel erwähnen: Wenn Sie mit Ihrem Hund trainieren möchten, dass er sich überall von Ihnen anfassen und auch mal festhalten lässt, um ihn auf Tierarztbesuche und Körperpflegemaßnahmen bestmöglich vorzubereiten, dann sollten Sie dafür eine Phase im Tagesverlauf wählen, in der Ihr Hund wohlig entspannt und zufrieden ist. Beispielsweise nach einem schönen Spaziergang, bei dem er viele Möglichkeiten zur Bedürfnisbefriedigung hatte. Denn auch die vorherrschende Stimmung wird im Training immer mitgelernt. Macht Ihr Hund die Erfahrung, dass

Handling in entspannter Atmosphäre stattfindet und Sie dabei auch auf seine Bedürfnisse achten, dann schaffen Sie ein großes Polster für Momente, in denen Handling wirklich notwendig wird.

Beim Trainingszeitpunkt spielt natürlich auch der Gesundheitszustand des Hundes eine große Rolle. Hunde, denen es nicht gut geht, zeigen das durch ihr Verhalten, und das kann sich auch darin äußern, dass der Hund zappelig und unkonzentriert (mangelndes Konzentrationsvermögen ist unter anderem ein Hinweis auf Stress!) ist oder unmotiviert erscheint. Auch Angstauslöser im Umfeld des Hundes können eine Ursache für solches Verhalten sein. Deshalb sollten Sie natürlich immer, aber insbesondere dann, wenn es darum geht, mit Ihrem Hund etwas trainieren zu wollen, darauf achten, wie es ihm gerade geht. Das gehört für mich in einer gleichwürdigen Beziehung zwischen Mensch und Hund selbstverständlich und unbedingt dazu.

Training versus Anwendung

Und damit kommen wir direkt zu einem weiteren wichtigen Faktor im belohnungsbasierten Training und beim bedürfnisorientierten Umgang mit dem Hund: Zwischen dem *Training* und der *Anwendung* dessen, was trainiert wurde, liegt ein himmelweiter Unterschied.

Hier möchte ich noch einmal das Thema Rückruf aufgreifen. Gut durchdachtes Rückruftraining fußt darauf, dass der Hund das Signal für den Rückruf möglichst häufig dann hört, wenn er optimales Verhalten zeigt (die Trainingswaage und die Sache mit den über Verstärker trainierten Verhaltensweisen, die selbst zu Verstärkern werden, Sie wissen schon ...).

Wenn Ihr Hund nicht zu weit von Ihnen entfernt ist, ist das ein idealer Zeitpunkt, den Rückruf zu trainieren.

Das heißt:

- Ihr Hund ist in einer Entfernung zu Ihnen, die Ihnen angenehm ist.
- Er befindet sich idealerweise relativ mittig auf dem Weg.
- Er läuft in einem gemächlichen Tempo vor sich hin.
- Seine Muskelspannung ist verhältnismäßig gering.
- Seine Aufmerksamkeit ist nicht stark auf etwas Bestimmtes fokussiert, idealerweise ist er mit einem Ohr bei Ihnen. Dazu ist es nicht nötig, dass Ihr Hund Blickkontakt zu Ihnen hat.
- Sie können Ihrem Hund einen passenden Verstärker zukommen lassen.

Immer wenn diese Bedingungen erfüllt sind und Sie das Rückrufsignal geben, trainieren Sie unter idealen Bedingungen und der Lerneffekt bei Ihrem Hund hinsichtlich Ihres Trainingsziels ist quasi perfekt. Das Reagieren auf den Rückruf wird für Ihren Hund immer wichtiger, wenn Sie so trainieren, seine Reaktio-

nen werden irgendwann nahezu reflexartig erfolgen. Seine Beine tragen ihn schon auf Sie zu, bevor er sich überhaupt bewusst wird, was da passiert. Sie zahlen durch solche Rückrufe auf Ihr Rückrufkonto ein.

Wenn Sie Ihren Rückruf anwenden müssen, weil Ihr Hund beispielsweise gerade losrennt, dann ist dieser Rückruf, der naturgemäß unter schlechteren Bedingungen stattfindet als den oben beschriebenen, eine Abbuchung von diesem Konto. Je mehr von den oben genannten Bedingungen nicht erfüllt sind, desto größer ist die Abbuchung. Und wie im richtigen Leben ist dieses Konto irgendwann leer geräumt. Das Ergebnis ist, dass Ihr Rückruf nicht mehr so gut funktioniert, wie Sie sich das wünschen. Achten Sie also darauf, dass Sie nach jeder Abbuchung wieder mindestens neun Einzahlungen vornehmen: Jeder Anwendung von trainiertem Verhalten sollten mindestens neun Trainings dieses Verhaltens unter optimalen Bedingungen folgen.

Ein erfolgreiches Rückruftraining sollte unter idealen Bedingungen stattfinden.

Das Beispiel des Handlings passt auch gut zu diesem Thema: Sie können nicht erwarten, dass Ihr Hund beim Tierarzt alles stressfrei und friedlich über sich ergehen lässt, wenn Sie das entsprechende Konto zuvor nicht ausreichend gut befüllt haben und sich vor allem nach dem Tierarztbesuch nicht ausreichend darum kümmern, die Abbuchung mindestens wieder auszugleichen. Training findet nicht im Ernstfall statt. Der Ernstfall zeigt uns, wie gut unser bisheriges Training gegriffen hat und wo wir eventuell noch oder wieder nachbessern müssen.

Dass unser Hund tut, was wir uns von ihm wünschen, dass er klaglos mitmacht, was wir von ihm fordern, liegt einzig und allein in unserer Verantwortung! Es ist und darf niemals die des Hundes sein, denn er hat sich weder uns als Bezugsperson ausgesucht noch das Leben, das er mit uns führen soll bzw. muss.

Kleinschrittigkeit

Unsere Verantwortung für den Trainingserfolg bedeutet auch zu wissen, was kleinschrittiges Training ist und wie man es umsetzt. Kleinschrittigkeit bedeutet nicht, monatelang irgendwie an einem Kriterium herumzutrainieren, sondern das Kriterium so zu wählen, dass der Hund IMMER erfolgreich ist, so dass wir die Belohnungsrate hochhalten und Frust vermeiden können. Das Kriterium wird gesteigert, wenn der Hund das aktuelle Kriterium prompt und zuverlässig zeigen kann.

Zur Verdeutlichung ziehe ich wieder das Hinsetzen auf Signal heran. Hat der Hund schon gelernt, sich zu setzen, dann möchten die meisten Menschen, dass er auch sitzen bleibt, bis er über ein Freigabesignal aus dem Verhalten entlassen wird. Setzt man hierbei das Kriterium „Dauer“ aber gleich auf eine

Minute, so wird das mit Sicherheit schiefgehen und er wird den „Fehler" machen, vor Ablauf der Minute aufzustehen. Für dieses Verhalten erhält er dann keine Belohnung und dadurch wird früher oder später Frust aufkommen. Und was ist eigentlich mit all den anderen Kriterien? Der Trainingsort, die Ablenkungen in der Umgebung, die Geräuschkulisse, meine Position zum Hund, die Tageszeit, meine Kleidung, die Tagesform des Hundes und so weiter und so fort? All das muss beim kleinschrittigen Training mit berücksichtigt werden, damit der Hund wirklich jedes Mal Erfolg haben kann und – bildlich gesprochen – auf unsere Frage „Kannst Du auch sitzen bleiben, wenn ...", immer mit „Ja, kann ich!", antworten kann.

Das Prinzip der Kleinschrittigkeit wird gut durch das Bild einer Leiter verdeutlicht: Sind die Sprossen zu weit auseinander, so werde ich nicht einmal die erste erklimmen, geschweige denn ganz hinauf zu meinem Ziel steigen können.

So gesund Obst und Gemüse auch sein mag – für die meisten Hunde ist es kein ausreichender Verstärker.

Es ist zwar keine besonders angenehme Wahrheit, aber: Macht der Hund im Training einen Fehler, ist

- das Timing schlecht,
- das Kriterium zu hoch,
- der Belohnungspunkt schlecht gewählt,
- die Belohnungsrate zu niedrig,
- die Trainingswaage gekippt,
- die Belohnung kein Verstärker,
- der Trainingszeitpunkt unpassend

oder es ist eine Kombination gleich mehrerer dieser Faktoren.

Es liegt in unserer Verantwortung, unserem Hund ein guter Trainer zu sein, und je besser die eigenen Fähigkeiten sind, umso schneller wird er lernen und desto weniger Fehler wird er machen. Mit Fehlern darf man übrigens generell sehr entspannt umgehen, denn sie sind kein Weltuntergang. Im Gegenteil, sie sind wertvolle Informationen für uns, wo im Training wir noch dazulernen und unsere Fähigkeiten verbessern dürfen.

Vor- und Nachteile einschätzen

Alles im Leben hat Vor- und Nachteile und das gilt auch für im Training getroffene Entscheidungen. Will man im belohnungsbasierten Training wirklich richtig gut werden, dann kommt man um einen Punkt nicht herum: Man muss einschätzen lernen, welche Maßnahme in welcher Situation welche Vor- und Nachteile mit sich bringt und dann eine Entscheidung treffen. Dazu möchte ich ein Beispiel aus dem Alltag vieler Hundehalter heranziehen.

Es gibt viele Hunde, die Probleme bei Begegnungen mit Artgenossen haben, egal ob an der Leine oder im Freilauf. Die Begegnungen sind stressig für Mensch und Tier, es gibt Auseinandersetzungen zwischen den Hunden und in vielen Fällen

dann auch zwischen den Haltern und so mancher Hundehalter bekommt schon Schweißausbrüche, wenn er am Horizont auch nur einen anderen Hund erahnt.

Wenn Hundehalter mit einer Begegnungsproblematik zu mir kommen, dann verschaffe ich mir einen Gesamtüberblick. Ich versuche möglichst viel über den Hund und seinen Menschen zu erfahren, über die Lebensumstände und die generelle Stressbelastung des Hundes, ich schaue mir seinen Gesundheitszustand und seine Ernährung an und ziehe eventuell einen Tierarzt und einen Physiotherapeuten hinzu, um bestmögliche Bedingungen für die Verhaltensänderung in den Hundebegegnungen zu erhalten. Erst wenn es dem Hund grundsätzlich gut geht und er sich wohlfühlt, darf ich mir im Sinne des Hundes überhaupt erlauben, sein Verhalten ändern zu wollen. Er hat schließlich gute Gründe dafür. Wenn diese

den Umständen zuzuschreiben sind, so sehe ich es als meine Pflicht an, erst diese für den Hund zu verbessern.

Mit der nötigen Unterstützung können Hunde auch langsam und entspannt an einem anderen Hund vorbeigehen.

Gehen wir dann ins Training, geht es darum herauszufinden, wo das Problem eigentlich beginnt und dazu ist es notwendig, genau hinzuschauen. Die Körpersprache des Hundes zeigt uns, lange bevor es zu einer Eskalation kommt, dass er sich nicht mehr gut fühlt. Darauf gilt es zu achten, denn hier setzt das Training an. Unter guten Trainingsbedingungen kann ich den entgegenkommenden Hund rechtzeitig sehen und meinem zu trainierenden Hund frühzeitig die nötige Hilfe geben. Ich kann seine Aufmerksamkeit auf mich lenken, den Blickkontakt zum anderen Hund so kurz unterbrechen und ihm dafür einen passenden Verstärker geben. Meist ist in Hundebegegnungen eine Vergrößerung der Distanz zum anderen Hund ein Verstärker, denn viele Begegnungsproblematiken entstehen dadurch, dass Hunde viel zu oft, viel zu nah und viel zu schnell auf andere Hunde zu- oder an ihnen vorbeilaufen müssen, obwohl sie lieber deeskalierend ausweichen und ihr Tempo reduzieren würden. Wenn ich das alles gut mache, sind die Chancen

Einen solch gespannt fixierenden Hund aus der Situation zu lösen, ist nicht einfach.

gut, dass der Hund nicht eskaliert, kein unerwünschtes Verhalten zeigt und so die Lernerfahrung macht, dass Hundebegegnungen auch entspannt ablaufen können und vor allem dass er von uns Menschen in seiner Not gehört und gesehen wird.

Aber die Umwelt ist leider nicht kontrollierbar. Und deshalb kann es passieren, dass ich weit unter dem Optimum bleiben und innerhalb von Sekunden entscheiden muss, was ich als Nächstes tue, um mit möglichst wenig Nachteilen im Hinblick auf das künftige Verhalten meines zu trainierenden Hundes durch die Situation zu kommen. So kann es sein, dass ich in manchen Fällen auch einem schon sehr angespannten Hund noch die Tube Leberwurst unter die Nase halte, um ihn aus der Situation zu locken, obwohl ich damit gegebenenfalls ein vorangegangenes Blickfixieren, die angespannte Stimmung und die Bereitschaft, gleich zu eskalieren, mit verstärke. Aber die Alternative, dass der Hund tatsächlich eskaliert und wieder die Erfahrung macht, dass Hundebegegnungen etwas ganz Furchtbares sind und man auf diese Menschen in solchen Situationen eh nicht zählen kann, bringt weitaus mehr Nachteile mit sich. Natürlich muss ich dann die Trainingswaage im Auge behalten. Ich muss dafür sorgen, dass meine Trainingsbedingungen beim nächsten Mal besser sind und ich den Hund nicht wieder und wieder in Situationen bringe, in denen ich mich zwischen Not und Elend entscheiden muss. Je mehr ich über Training weiß, je größer meine Werkzeugkiste ist, desto mehr Möglichkeiten habe ich,

situationsbezogen das zu tun, was mich meinem Trainingsziel näherbringt. Es geht nicht darum, immer alles richtig zu machen. Das kann niemand und die Umwelt lässt das sowieso nicht zu. Aber es geht darum, an sich selbst den Anspruch zu stellen, dem Hund, so gut wie es nur geht, dabei zu helfen, Situationen mit seiner Bezugsperson als Freund und Verbündetem gemeinsam meistern zu können. Er hat nur uns, und wenn wir ihm nicht beistehen, wer dann? Ein Satz, den ich irgendwo einmal gelesen habe, passt dazu sehr gut: **Der Hund macht kein Problem, er hat eines.** Wenn wir uns auf die Seite unseres Hundes stellen und alles dafür tun, ihm die Hilfe zu geben, die er braucht, dann ist das alles, was nötig ist.

Umgang mit unerwünschtem Verhalten

Der Umgang mit unerwünschtem Verhalten wird beim belohnungsbasierten Training und dem bedürfnisorientierten Umgang oft kritisiert oder hinterfragt. Da heißt es schnell, dass man den Hund gerade noch clickern wird, wenn er jemanden beißen will. Oder dass gewisse Dinge halt einfach nicht gehen und man dann eben „deutlicher" werden müsse. Im Endeffekt läuft es wieder darauf hinaus: Fehler müssen geahndet werden. Bis hierhin und nicht weiter, Grenzen müssen sein. Ich denke, ich habe im ersten Teil des Buches sehr deutlich gemacht, dass diese Denkweise eine Frage der Haltung ist und keine unausweichliche Notwendigkeit.

Es ist überhaupt keine Frage, dass ein Hund keinen anderen Hund beißen darf und auch gewisse andere Dinge einfach nicht tun soll. Ich denke, dass ich auch das bereits mehrfach deutlich gemacht habe. Meistens ist es möglich, unerwünschtes Verhalten durch vorausschauendes Handeln zu vermeiden. Denn wie bereits im entsprechenden Abschnitt weiter vorne beschrieben: Üben übt! Merke ich schon morgens nach dem Aufstehen, dass mein Hund heute „irgendwie komisch" drauf ist, dann sorge ich dafür, dass er erst gar nicht mit Situationen konfrontiert wird, die für ihn problematisch werden könnten. Bin ich draußen unterwegs und mir fällt auf, dass mein Hund angespannter ist und schlechter auf Ansprache reagiert als sonst, lasse ich die Leine vorsichtshalber dran.

Das ist der Unterschied zu strafbasiertem Training: Den Hund nicht in den Fehler laufen lassen, sondern, so gut es geht, Fehler verhindern und parallel erwünschtes Verhalten formen und verstärken.

Unerwünschtes Verhalten sollte schnell unterbrochen werden, aber ohne den Hund zu ängstigen, ihn zu erschrecken oder ihm gar Schmerzen zuzufügen. Ein Universalrezept dafür gibt es nicht, denn wie ich bei den entscheidenden Faktoren des belohnungsbasierten Trainings und des bedürfnisorientierten Umgangs schon erwähnt habe, hat alles Vor- und Nachteile und es liegt an uns, die am wenigsten nachteilige Maßnahme in Hinblick auf die Beziehung zwischen dem Hund und uns und unserem Trainingsziel zu wählen. Ob die entsprechende Maßnahme dann wirklich die richtige war, lässt sich sowieso erst im Nachhinein beurteilen, denn hinterher ist man ja bekanntlich immer schlauer.

Was ich konkret tue, wenn ein Hund trotz aller Beachtung seiner Bedürfnisse und trotz belohnungsbasierten Trainings in einer Situation etwas tut, was er nicht soll, vielleicht weil unser Training noch nicht weit genug fortgeschritten ist oder er einfach einen schlechten Tag hat, erläutere ich im Folgenden anhand eines Beispiels.

Situation:
Der Hund springt in die Leine und bellt einen anderen Hund oder Menschen an.

Handlungsmöglichkeiten:

- Ich suche mir einen festen Stand, halte den Hund an der Leine sehr kurz oder direkt am Geschirr gut fest und verhindere so, dass er näher an den Auslöser herankommt. Dann warte ich ab, bis der Auslöser sich entfernt und er sich wieder beruhigen kann.
- Ich greife den Hund am Geschirr und nehme ihn zügig und bestimmt, aber so sanft wie möglich mit, um die Distanz zum Auslöser so weit zu vergrößern, dass er sich wieder beruhigen kann.

Der Einsatz des Negativmarkers ist in dieser Situation KEINE Option! Auch wenn dieser so frustarm wie nur möglich verknüpft wird, handelt es sich dabei trotz allem um eine Strafe. In einer Situation, die ohnehin schon aufgeladen ist und viele negative Emotionen wie Wut, Frustration oder Angst beinhaltet, ist es unsere Aufgabe, die Situation für den Hund zumindest nicht noch negativer zu gestalten!

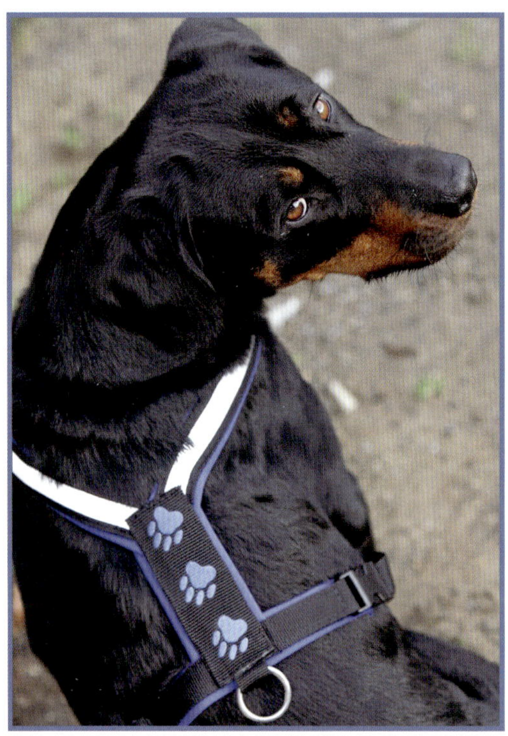

Auch einen großen, kräftigen Hund hält man am besten und sichersten an einem gut sitzenden Brustgeschirr.

Vielleicht fallen Ihnen noch andere Möglichkeiten ein, wie Sie bei Ihrem Hund in solchen Situationen reagieren könnten, denn welche Maßnahme passt, hängt nicht nur von der Situation selbst ab, sondern natürlich auch von Ihrem Hund. Meinen 10 Kilogramm leichten Terrier-Mischling könnte ich natürlich sehr einfach am Geschirr mitnehmen, wenn ich wollte. Bei 42 Kilogramm tobendem Rottweiler sieht die Sache aber ein bisschen anders aus. Manche Hunde sind in einer solchen Situation noch mit sehr hochwertigem Futter oder dem Lieblingsspielzeug zu kriegen, andere sehen vollkommen rot, kriegen gar nichts mehr mit in ihrer Raserei und man muss sogar mit rückgerichtetem Aggressionsverhalten (der Hund dreht sich um und beißt die Bezugsperson oder jemanden, der unmittelbar danebensteht) rechnen, wenn man versuchen sollte, ihn am Geschirr in seiner Bewegungsfreiheit einzuschränken.

Bei jeder der aufgeführten Handlungsoptionen ist das Ziel, die Distanz zum Auslöser so weit zu vergrößern, dass der Hund sich wieder beruhigen kann. Das zeigt uns auch, wo das eigentliche Problem in der Situation liegt: Der Erregungslevel und der Stress sind so hoch, dass der Hund nicht mehr an sich halten kann und ausrastet. Das eröffnet eine weitere Möglichkeit, auf ihn einzuwirken: Die Nutzung eines konditionierten Entspannungssignals.

Konditionierte Entspannung

Genauso wie Aufregung konditioniert werden kann – denken Sie einmal an die Reaktion vieler Hunde, wenn es an der Türe klingelt –, kann auch Entspannung konditioniert werden. Dabei wird ein Wortsignal mit dem entspannten Zustand des Hundes verknüpft.

Aufgebaut wird ein konditioniertes Entspannungssignal, indem Sie einfach das Wort sagen und den Hund dann in einer wohlig entspannten Situation so anfassen und kraulen, dass er es sichtbar genießt. Hände wieder weg vom Hund, Signal erneut sagen und den Hund wieder kraulen. Wenn Sie diesen Ablauf einfach in Ihren Tagesablauf integrieren, nämlich dann, wenn Sie sowieso mit Ihrem Hund kuscheln wollen, dann etablieren Sie ganz nebenbei ein mächtiges Werkzeug. Und es gibt noch viele weitere Situationen, in denen Sie das Entspannungssignal verknüpfen können: Nämlich immer dann, wenn Ihr Hund von mehr Spannung zu weniger Spannung übergeht. Wenn er vom Trab in den Schritt fällt zum Beispiel, wenn er vom Sitzen ins Liegen wechselt, wenn er vom Liegen mit erhobenem Kopf in die Seitenlage wechselt und wenn er in

der Seitenlage einen tiefen Entspannungsseufzer von sich gibt. In jeder dieser Situationen können Sie das Entspannungssignal in einem ruhigen Tonfall, aber normaler Lautstärke aussprechen – aber ohne den Hund dabei direkt anzusprechen. Vermeiden Sie auch direkten Blickkontakt zum Hund und sagen Sie das Signal stattdessen einfach so in den Raum hinein. Denn viele Hunde fühlen sich andernfalls angesprochen und vorbei ist es mit der Entspannung. Ich nutze als Entspannungssignal übrigens die Worte „Alles gut.", denn das ist es, was ich sowieso quasi automatisch zu meinen Hunden sage, wenn ich sie beruhigen möchte. Es ist sinnvoll, es sich nicht schwerer als unbedingt nötig zu machen: Wenn Sie irgendein Wort benutzen, das für Sie in keinem wirklichen Zusammenhang mit dem steht, was Sie damit bewirken wollen, dann wird es Ihnen auch

schwerfallen, das Entspannungssignal anzuwenden. Geben Sie deshalb am besten den Worten, die Sie ohnehin in Situationen nutzen, in denen Sie Ihren Hund beruhigen wollen, durch den gezielten Aufbau zusätzliche Power.

Der Aufbau ist so einfach, dass die meisten Menschen kein Entspannungssignal konditionieren, denn sie glauben, wenn etwas so banal ist, kann es wohl kaum hilfreich sein. Aber das Gegenteil ist der Fall! Ein konditioniertes und gut gepflegtes Entspannungssignal kann in Situationen helfen, in denen der Hund gerade dabei ist sich anzuspannen, aber noch nicht vollständig in die Aufregung gekippt ist. Dies ist zum Beispiel der Fall, wenn er etwas beobachtet und noch nicht recht weiß, wie er es bewerten soll. In diesem Fall ist das konditionierte Entspannungssignal oft eine Hilfe, den Hund in die Ruhe zu bringen, statt ihn in die Aufregung kippen zu lassen. Sichtbar wird das Sinken des Erregungslevels an seiner Körpersprache. Wenn Sie genau hinschauen, können Sie erkennen, dass die Muskelanspannung ein bisschen nachlässt. Diesen Zeitpunkt nutzen Sie dann, um durch ein „weiter“-Signal die Distanz zum Auslöser zu vergrößern.

Mit „gut gepflegt“ meine ich übrigens, dass Sie das Entspannungssignal immer wieder dann sagen, wenn Ihr Hund von mehr Anspannung zu weniger Anspannung wechselt. Sie erinnern sich an den Abschnitt Training versus Anwendung? Auch hier gilt wieder: Wir trainieren für den Ernstfall und dann zeigt sich, wie gut unser Training gegriffen hat. Jede Anwendung des Entspannungssignals ist eine Abbuchung vom entsprechenden Konto. Sorgen Sie dafür, dass Sie durch genügend Einzahlungen immer weit in den schwarzen Zahlen bleiben.

Schlusswort

Sich Wissen über das Wesen von Hunden, ihr Verhalten, ihre Körpersprache, ihre Bedürfnisse, belohnungsbasiertes Training und bedürfnisorientierten Umgang anzueignen ist ein wichtiger Part für das harmonische Zusammenleben mit ihnen.

Wie unser Hund sich verhält, hängt in großen Teilen davon ab, wie wir uns verhalten und wie wir auf das Verhalten unseres Hundes reagieren. Hunde sind keine Menschen, sie können nicht über das reflektieren, was sie tun (zumindest ist das der aktuelle Stand der Forschung) und sie überlegen sich auch nicht, wie sie zum Gelingen unserer Beziehung beitragen können. Sie sind einfach. Wir hingegen können sehr wohl reflektieren und uns selbst fragen, wer wir sein wollen und wie wir mit unseren Mitgeschöpfen umgehen wollen.

Wenn uns ein entspannter Alltag wichtig ist, in den der Hund sich gut einfügen kann, und wenn wir nicht ständig an unsere Grenzen geraten möchten oder der Hund an seine, dann können wir zunächst einmal bei uns selbst schauen.

- Wie verhalte ich mich, was kann ich eventuell verändern, um das Leben meines Hundes und aller, die mit uns zusammenleben zu verbessern?
- Wie bewege ich mich? Bin ich schnell, bin ich langsam, bin ich hektisch oder entspannt, und in welchen Situationen ändert sich das in welche Richtung?
- Spreche ich laut oder bin ich leise, rede ich viel oder wenig und wie wirkt sich das auf meinen Hund aus?
- Habe ich selbst genug Ruhepausen oder hetze ich gefühlt von einem Termin zum nächsten, mache ich mir selbst

vielleicht Druck, weil ich glaube, dass Dinge eben auf diese oder jene Art laufen müssen?

- Sind das wirklich meine eigenen Ansichten und Werte, die ich da vertrete oder kommen sie eigentlich von außen?
- Worauf liegt mein Fokus? Sehe ich die guten Dinge, kann ich mich an ihnen erfreuen oder fällt mir immer nur das Negative auf? Finde ich an allem Guten etwas Schlechtes oder sehe ich auch in schwierigen, herausfordernden Situationen noch etwas, wofür ich dankbar sein kann?
- Wenn mein Hund sich aufregt, wie reagiere ich dann? Lasse ich mich von ihm mitreißen? Oder bin ich in der Lage, ruhig und sachlich zu bleiben, wenn mein Hund es nicht mehr kann?
- Bin ich meinem Hund ein gutes Vorbild?

Zu diesem letzten Punkt möchte ich noch einen Denkanstoß geben, weil ich damit in meinem beruflichen Alltag so oft konfrontiert werde. Was mag ein Hund, der Probleme im Umgang mit Artgenossen hat – die Gründe dafür lasse ich an dieser Stelle mal ganz außen vor –, wohl denken, wenn seine Bezugsperson sich bereits beim Anblick eines anderen Hundes anspannt, die Atmung immer flacher wird und sobald der Halter des anderen Hundes in Hörweite ist, anfängt, diesen mehr oder weniger laut und aggressiv aufzufordern, seinen Hund anzuleinen? Wenn sie gar den sich annähernden Hund regelrecht attackiert und ihn um jeden Preis fernhalten möchte? Was mag der Hund in dieser Situation denken? Wie fühlt er sich dabei?

Verstehen Sie mich bitte nicht falsch: Ich bin mir natürlich völlig darüber im Klaren, dass Menschen, die so reagieren, Gründe dafür haben. Gute Gründe. Aber wie können wir vom Hund erwarten, in gewissen Situationen gelassen zu bleiben, wenn wir selbst dazu nicht in der Lage sind? Und hier schließt sich der Kreis: Je mehr Wissen ich habe, umso besser meine Fähigkeiten und Fertigkeiten im Umgang und Training mit meinem Hund sind, desto besser kann ich Situationen einschätzen, handeln und danach reflektieren, was ich nächstes Mal anders machen möchte, wo mir noch Wissen oder Übung fehlt – und ich kann mir Hilfe suchen, falls es nötig ist. Ein Außenstehender, der emotional nicht so stark verstrickt ist, wie wir es in der Regel mit unserem Hund sind, eben weil wir eine enge Beziehung zueinander haben, kann in diesen Situationen einen klaren Kopf bewahren und uns unterstützen, wenn wir selbst dazu nicht mehr in der Lage sind. Natürlich sind Verhaltensberater dahingehend die Fachleute und daher meine erste Empfehlung. Aber auch Freunde oder eine nette Hundebekanntschaft können uns dabei helfen, uns unseres eigenen Tuns bewusst zu

werden. Dieses Bewusstwerden ist der erste Schritt zur Veränderung. Nur dann, wenn ich bewusst mitbekomme, was mit mir passiert, wie ich mich gerade verhalte, kann ich damit beginnen, mein Verhalten zu ändern. Und erst wenn ich mein Verhalten ändere, kann sich auch das meines Hundes verändern. Dieser Schritt der Selbstreflektion kostet meistens Überwindung und oft viel Kraft. Vor allem dann, wenn wir vom strafbasierten Ansatz kommen und auch der Hund durch den neuen Umgang und das andere Training zunächst verwirrt und noch gestresster ist und deshalb gerade zu Anfang deutlich öfter bisher geltende Grenzen überschreitet, als er das zuvor getan hat.

Wir müssen dahin schauen, wo es wehtut, müssen uns der Tatsache stellen, dass wir in vielen Situationen überhaupt nicht so sind, wie wir gerne wären. Wenn wir (wieder) unfair zu unserem Hund werden, weil wir selber überfordert, gestresst oder frustriert sind und auf einmal alles zu viel ist. Und wenn uns dann das schlechte Gewissen plagt, weil wir es mal wieder nicht hingekriegt haben, laut geworden sind und von belohnungsbasiertem Training und bedürfnisorientiertem Umgang so weit weg waren wie nur vorstellbar. Das alles ist völlig normal. Ich garantiere Ihnen, niemand ist jederzeit immer nur nett, respektvoll und achtsam. Wir sind alle nur Menschen und verfügen genau wie unsere Hunde nicht über unbegrenzt Geduld und Selbstbeherrschung. Es ist ein riesiger Unterschied, ob ich emotional handle und in der jeweiligen Situation gerade einfach nicht anders kann oder ob ich den Hund bewusst zusammenstauche, um damit ein Trainingsziel zu erreichen. Die eigenen Gefühle anzunehmen und nachzuspüren, was man eigentlich fühlt – ist es zum Beispiel Wut oder Scham über die eigene gefühlte Unfähigkeit und Überforderung oder darüber, dass der Hund einen in eine Situation bringt, die einem peinlich ist, ist es die Angst vor Kontrollverlust –, kann dabei helfen, die eigenen Reaktionen besser zu verstehen und dafür sorgen, mit jedem Mal immer ein bisschen gelassener und bewusster zu handeln. Achtsamkeit uns selbst gegenüber ist hier das Stichwort.

Wir dürfen lernen, bestimmte Situationen und das Verhalten unseres Hundes auszuhalten. Dann bellt er eben mal, dann pöbelt er eben jemanden an. Peinlich, ja vielleicht, aber sicherlich kein Weltuntergang und garantiert kein Grund, dem Hund Unrecht zu tun, nur um die Erwartungen, die andere vielleicht an

uns haben, zu erfüllen. Wir können versuchen, jede Konfliktsituation als Team zu meistern, uns auf die Seite unseres Hundes zu stellen und uns in ihn einzufühlen. Empathie für andere, also auch unseren Hund, erfordert Empathie uns selbst gegenüber. Wir können damit beginnen, uns Prozesse, die bisher unbewusst abgelaufen sind, bewusst zu machen, indem wir achtsam mit uns selbst umgehen. Wir können diese Prozesse verlangsamen, um sie bewusst wahrnehmen und in der Folge auch bewusst beeinflussen zu können.

Blinder Aktionismus hindert uns am Umlernen, stattdessen können wir einfach stehen bleiben, atmen und nachdenken, welche Maßnahme jetzt im Augenblick am wenigsten schadet. Wir dürfen lernen, nicht zu streng mit uns selbst zu sein, denn Verhaltensänderung braucht Zeit bei Mensch und Tier und Perfektionismus ist im Zusammenleben mit dem Hund nicht hilfreich.

Außerdem dürfen wir lernen, uns nicht von Menschen verunsichern zu lassen, die einen autoritären und sanktionierenden Umgang mit dem Hund befürworten und uns stattdessen ein Umfeld suchen, das die gleiche Grundeinstellung hat, auch wenn das eventuell bedeutet, sich von alten Gassibekanntschaften oder manchmal sogar Freunden zu trennen.

Ich selbst bin deshalb dazu übergegangen, meine Hunde als meine „Entwicklungshelfer“ zu sehen. Ich wäre nicht der Mensch, der ich heute bin, hätte ich nicht wegen, von und mit meinen Hunden gelernt. Wenn wir annehmen, dass wir nicht perfekt sind, dass wir Fehler gemacht haben, gerade jetzt machen und auch in Zukunft machen werden, dass wir in einigen Jahren zurückschauen und sagen werden: „Das würde ich heute anders machen.“, dann ist das keine Schwäche, sondern eine große Stärke. Und unsere Hunde danken es uns.

Danksagung

Dass ich dieses Buch geschrieben habe, habe ich Clarissa von Reinhardt zu verdanken. Nach meinem Vortrag mit dem Titel „Hunden sinnvoll Grenzen setzen“ beim Internationalen Hundesymposium 2019 kam sie auf mich zu und fragte mich, ob ich Lust hätte, meine Gedanken zu Papier zu bringen. Da mir das Schreiben viel Spaß macht und ich mich natürlich sehr über Clarissas Wertschätzung dessen, was ich gesagt hatte, freute, sagte ich zu. Über ein Jahr ist dann vergangen, bis ich mein Manuskript abgeliefert habe.

Eigentlich sollte man meinen, dass ich ja einfach nur die Sachen, die ich beim Vortrag erzählt habe, hätte niederschreiben müssen. Aber so läuft das bei mir nicht, wenn ich an einem Buch schreibe und mich dementsprechend intensiv mit einem Thema auseinandersetze. Ein Gedanke führte zum nächsten, der Austausch mit vielen wunderbaren Menschen zu verschiedenen Themen hat immer neue Aspekte und Perspektiven mit sich gebracht, über die ich nachdenken und sie in meine Sicht der Dinge integrieren wollte, und natürlich habe ich in all der Zeit weiter mit vielen verschiedenen Mensch-Hund-Teams gearbeitet. Von jedem einzelnen Team lerne ich dazu, verändere Dinge in meinem Training und überdenke dieses und jenes neu. Ohne all diese Menschen wäre dieses Buch nicht das geworden, was es ist.

Mein großer Dank geht deshalb an all die Teams, die ich 2020 trotz Corona begleiten durfte und an die ganz besonderen Menschen in meinem Umfeld, die sich die Zeit genommen haben, mit mir zu sprechen oder zu schreiben: Claudia Matten, Sophia

Betz, Carolin Hess, Isabel Boergen, Petra Hammann, Nina Werner, Katrien Lismont und Sabine Seuss.

Meinen Eltern verdanke ich alles, unter anderem auch meine wunderbare Schwester, mit der mich das Thema Grenzen setzen und wie wir mit anderen Lebewesen umgehen wollen in besonderer Weise verbindet. Meine liebe Ruth, wie gut, dass wir uns haben.

Mein Partner Ferdinand ist derjenige, der bedingungslos hinter mir steht. Sein wunderbarer Umgang mit unseren Hunden macht mich jeden Tag glücklich und ich könnte dankbarer nicht sein, einen Menschen wie ihn an meiner Seite zu haben.

Last but not least möchte ich Ihnen danken, weil Sie dieses Buch gekauft haben, sich für das interessieren, was ich zu sagen habe und ich deshalb davon ausgehe, dass Sie sich – genau wie ich – eine bessere Welt für unsere Hunde wünschen.

Über die Autorin

Maria Rehberger begleitet seit 2006 als Hundetrainerin und Verhaltensberaterin Menschen und ihre Hunde. Sie ist Teil des Trainernetzwerkes Easy Dogs und Autorin mehrerer Fachbücher. Durch die Ausbildung bei Dr. Ute Blaschke-Berthold war das belohnungsbasierte Training dabei von Anfang an die Grundlage ihrer Arbeit. Mit inzwischen über 100 Fortbildungen bei ausschließlich gewaltfrei arbeitenden Kollegen hat sie ihr Wissen stets erweitert und neue Erkenntnisse sowie unterschiedliche Aspekte in ihr eigenes Denken und Tun integriert. Fortdauernde Weiterbildung ist Maria ein wichtiges Anliegen und dementsprechend gibt sie ihr eigenes Wissen und ihre Erfahrungen im ganzen deutschsprachigen Raum an Hundehalter und in Form ihrer besonderen Fortbildungen, dem Easy Dogs Trainer Camp und den Easy Dogs Trainer Sessions, auch an Kollegen weiter, denen der bedürfnis- und bindungsorientierte Umgang und das belohnungsbasierte Training eine Herzensangelegenheit sind. Heute sieht Maria sich als ganzheitlichen Beziehungscoach, der Mensch und Hund zu einem entspannten und glücklichen Zusammenleben verhilft. Sie lebt mit ihrem Lebenspartner und ihren Hunden in der Nähe von München.

Literaturempfehlungen

- Norbert Sachser: Der Mensch im Tier, Rowohlt Verlag GmbH; 1. Edition (2018)
- Clive Wynne: Und wenn es doch Liebe ist?, Kynos Verlag; 1. Edition (2019)
- John Bradshaw: Hundeverstand, Kynos Verlag; 1. Edition (2012)
- Raymond Coppinger & Mark Feinstein: Die Ethologie der Hunde, Kynos Verlag; 1. Edition (2018)
- Leslie Irvine: Wenn du mich zähmst, animal learn Verlag; 1. Edition (2008)
- Raymond & Lorna Coppinger: Hunde, animal learn Verlag; 1. Edition (2003)
- James O'Heare: Die Neuropsychologie der Hunde, animal learn Verlag; 1. Edition (2009)
- Marc Bekoff: Das Gefühlsleben der Tiere, animal learn Verlag; 1. Edition (2014)
- Marc Bekoff: Tugend und Leidenschaft im Tierreich, animal learn Verlag; 1. Edition (2010)
- Martina Scholz & Clarissa v. Reinhardt: Stress bei Hunden, animal learn Verlag; 2. Edition (2003)
- Maria Hense: Grenzen setzen – fair und wirksam, animal learn Verlag; 1. Edition (2020)
- Turid Rugaas: Die Beschwichtigungssignale der Hunde, animal learn Verlag (2001)
- Katja Krauß & Gabi Maue: Emotionen bei Hunden sehen lernen, Kynos Verlag (2020)
- Maria Rehberger: Gelassenheit im Alltag und beim Training, Easy Dogs; 1. Edition (2017)
- Inga Jung: Betreten verboten, Kynos Verlag; 2. Edition (2020)
- Martina Maier-Schmid: Grenzen setzen 3.0, Kynos Verlag (2020)

Über Hunde lernen,
von Hunden lernen –
über Hunde lesen!

Besuchen Sie uns im Internet unter **www.animal-learn.de** oder fordern Sie kostenlos unser Verlagsprogramm an

animal learn Verlag
Am Anger 36
D-83233 Bernau

Telefon +49(0)8051/96171
Telefax +49(0)8051/96171-
animal.learn@t-online.de